长期思维

〔英〕凯丝·毕晓普
（Cath Bishop）

著

燕子 译

不被输赢
定义的人生

The Long Win
The Search for a
Better Way to Succeed

中国人民大学出版社
· 北京 ·

图书在版编目（ＣＩＰ）数据

长期思维：不被输赢定义的人生 ／（英）凯丝·毕
晓普（Cath Bishop）著；燕子译. -- 北京：中国人民
大学出版社，2024.6
书名原文：The Long Win: The Search for a
Better Way to Succeed
ISBN 978-7-300-32837-9

Ⅰ. ①长… Ⅱ. ①凯… ②燕… Ⅲ. ①人生哲学—通
俗读物 Ⅳ. ①B821-49

中国国家版本馆CIP数据核字(2024)第098393号

长期思维：不被输赢定义的人生

[英] 凯丝·毕晓普（Cath Bishop）　著

燕　子　译

CHANGQI SIWEI : BUBEI SHUYING DINGYI DE RENSHENG

出版发行	中国人民大学出版社	
社　　址	北京中关村大街 31 号	**邮政编码**　100080
电　　话	010-62511242（总编室）	010-62511770（质管部）
	010-82501766（邮购部）	010-62514148（门市部）
	010-62515195（发行公司）	010-62515275（盗版举报）
网　　址	http://www.crup.com.cn	
经　　销	新华书店	
印　　刷	天津中印联印务有限公司	
开　　本	720 mm×1000 mm　1/16	**版　次**　2024 年 6 月第 1 版
印　　张	18.25　插页 1	**印　次**　2024 年 6 月第 1 次印刷
字　　数	231 000	**定　价**　79.90 元

本书赞誉

就启迪智慧而言，《长期思维》这本书对成功道法的思考，能够带给你醍醐灌顶、充满能量和影响未来的感悟。

马修·赛义德（Matthew Syed）

英国乒乓球名宿、马修·赛义德公司创始人、作家

在当代西方社会中，人们对成功的思考过于简单化，仅以输赢统而论之。凯丝·毕晓普非人云亦云之辈，她以亲身经历和观察思考揭示了现实中竞争的多元性和复杂性，并乐于分享思考该重要主题之意义。一旦你通过《长期思维》这本书大量源自生活体验的点点滴滴，感悟到识人知己尚有不足时，个中滋味妙不可言。鉴于此，有志者不妨读读此书。

玛格丽特·赫弗南（Margaret Heffernan）

英国 BBC 节目制作人

真正拥有从不同的角度去审视人生的能力并非人皆有之，它只能通过对问题进行深入研究、积累丰富经验和养成独立思考习惯才能逐步获得。在这些方面，《长期思维》这本书将会重构你对事物的认知体系。

克莱尔·鲍尔丁（Clare Balding）

"英帝国勋章"（OBE）获得者

《长期思维》是一本精心创作的兴味盎然、坦诚直言的书。那些生动而具说服力的事例，促使我们以广阔的视野，对真正意义上的"成功"重新审视。作者对我们究竟要想从生命和付出的努力中获取什么进行了认真思考，而这样的思考可能将决定我们做出的各种选择，这既是"长期"的前提，又是得以呈现在你面前的基础。

马克·德龙（Mark de Rond）

剑桥大学贾奇商学院（Judge Business School University of Cambridge）

组织人种学（Organizational Ethnography）教授

夺金目标看似简单，但要实现则难上加难。除了残酷而单调的竞技体育，成功的理念能否对我们有所帮助？我们都对成功孜孜以求，但我们这样做又是为什么呢？通过提出和审视这样的问题，《长期思维》这本书将有助于我们汲取更多精神财富、更全面地了解自己，从而把这些收获与事业、家庭和生活重新设定的新目标有机地融合在一起。

马特·布里廷（Matt Brittin）

前奥运选手，谷歌公司欧洲、中东和非洲地区业务总裁

对于《长期思维》这本书的观点，我完全赞成，并对其中一点确信无疑，那就是要改变某种文化，唯一的方法是对其赖以生存的社会进行教育，使整个社会真正明白为什么这种文化必须改变，然后再提出良策。书中提出的很多问题都发人深省，这些问题将激发我们进行变革，这恰恰是我们这个社会所需要的、年轻一代应该享有的。

瓦洛莉·康佐斯·菲尔德（ValorieKondos Field）

加州大学洛杉矶分校体操教练、帕克十二联盟的

"世纪教练"（PAC-12'Coach of the Century'）

赋予你力量和智慧是《长期思维》这本书的突出特点。曾为运动员的凯丝不仅对体育这项事业的理解独到，而且还站在更高的层面上，就如何提高运动成绩乃至如何把握人生发展进行了严肃的思考。此书为读者提供了某些启示，坦言之，其与使我受益并在日常工作和生活中所信守的理念是一致的，尽管它们是源自顶级运动员的经历。如果你也认同能将事情做到极致的原因大同小异的话，任何一个优秀体育俱乐部的管理者、课堂上执掌教鞭的人和领导者，都应该将这本书列入自己的必读书目。

伊娃·卡内罗博士（Dr.EvaCarneiro）

《体育与运动医学》（*Sports and Exercise Medicine*）杂志顾问

前英国超级联赛队医

无论是在竞技体育场上，还是在日常生活中，我们对事物作出的价值判断都取决于对成功标准的选择，即将这些标准与你的相关认知作对比。在这方面，凯丝撰写的这本《长期思维》能够帮助你突破观念羁绊，不被结果"绑架"，不再沉湎于昨天的荣耀，从而能够做出正确的价值判断。它不是让你改变游戏规则，而是助你重新认识成功的含义。

克里斯·尚布鲁克博士（Chris Shambrook）

行星 K2 领导力培训项目主管（Planet K2）

1997—2019 年任英国奥林匹克赛艇队心理医生

对任何旨在研究究竟什么才算得上成功的个人和机构来说，《长期思维》这本书既像一场及时雨，又似一剂良方。迄今为止，似乎还没有更多像此书这样勇于发掘成功的内在意义的好书面世，这完全得益于凯丝丰富的生活阅历，以及她所具备的出类拔萃的才华。无论你的兴趣和关注点在哪里，掩卷后定会深受裨益。希望每一位领导者都能一睹为快。若真如此，世界一定会变得更加美好！

戈尔迪·塞耶斯（Goldie Sayers）

奥运会标枪项目奖牌获得者、商务培训师

今天的世界，可持续发展和高度互联已经成为决定商业成功和实现既定目标的核心推动力，这是一个不争的事实，也是一个共识。重新定义成功和获胜已成为一个突出的现实问题。这正是凯丝·毕晓普的这部力作应运而生的意义，特别是她将着力点重新放到了人是决定性因素方面。而这完全得益于她那不同寻常的人生阅历，其中，她作为奥林匹克运动会赛艇选手和奖牌获得者、外交官、领导团队代言人、作家和顾问的亲身经历，又奠定了书中所提出的"3C"观点的基础，即厘清思路（clarity）、持续学习（constant learning）和联结性（connection），而这三点恰恰是保证长盛不衰的前提。从这个意义上讲，此书既发人深省又独具个性化，无疑是当今真正强有力的领导团队应对挑战的良师益友。

斯马兰达·戈萨 – 门辛（SmarandaGosa-Mensing）

剑桥大学贾奇商学院研究员

作为英国前奥运赛艇队选手，凯丝·毕晓普的这本《长期思维》是为有志者量身定制的。我的读后感是，见解独到、以理服人和雪中送炭；帮助我深思的是一个看似简单的问题，即"为什么成功如此重要"。或许，更重要的是，我们所痴迷追求的最卓越最终是如何服务于我们自己、我们的目标和更好的生活的。对此，本书通过感人的情节娓娓道来，尽管有时难免令人心生酸楚，但它的确能够帮助我们对如何奋斗并取得成功的途径进行反思和重新进行战略性规划。

詹森·多兰（Jason Dorland）

作家、教练、前奥运选手

如果你正在寻求以更好的方式实现人生目标、创造社会价值，那么，当你读完这本《长期思维》之后，必能心潮澎湃。虽未必能点石成金，但本书有的放矢、提纲挈领，定可为你在多个领域指点迷津。凯丝在三个领域中令人称羡的经历，为书中观点提供了可信度和权威性。我相信，在体育领域秉承长期思维，必将培育出积极向上、奋发有为的体验环境，为运动员带来更加优异的运动成绩。希望我的运动员同行们都能对此心领神会、身体力行。

劳伦斯·霍尔斯特德（Laurence Halsted）

奥运选手、丹麦击剑联盟主管

"标准运动员培训项目"（The True Athlete Project）负责人

从"夺冠是唯一目的"到"重在过程"，长期思维为我们提供了一种海纳百川、反观内照式的成功观。如果我们阅读完本书，能对通向成功的途径进行彻底的反思并改弦更张，必将使我们的生活更加幸福、美满。

亚历克斯·赫瓦西（Alex Gerbasi）

埃克塞特大学商学院（University of Exeter Business School）

领导力学教授、前副院长

人们对成功的理解见仁见智，莫衷一是。《长期思维》这本书为我们补缺挂漏、弥合分歧。但凡志不在攻城略地，而在打造更有价值之人生者，此书不可不读。在本书中，凯丝为我们展示了使人行稳致远的思维模式，抽丝剥茧、丝丝入扣，超越当下、超越唾手可得的利益、超越输赢，直指精彩人生。阅读这本书，令我增长了见识、增强了生活勇气、激发了生命活力。

史蒂夫·英厄姆（Steve Ingham）博士

冠军培养项目主任、效能管理科学家

《长期思维》这本书发人深省、引人入胜。它破除了传统思维定式，于个体、于团队皆大有裨益。凯丝德艺双馨的个人经历为她的人生哲学提供了背书。开卷有益，我向你力荐此书。

索菲·霍斯金（Sophie Hosking）

前奥运会赛艇冠军、"英帝国勋章"获得者（MBE）

英国足球协会法律顾问

我喜爱《长期思维》这本书，它娓娓道来，论据充分。在生活中，无论你赢得盆满钵满也好，还是屡战屡败也罢，凯丝精辟的论述都能为你一扫头脑中关于赢的那些所谓天经地义的观念，使你拨云见日，建立起新的输赢价值观。通过自己鲜活的经历和不同行业的现实情况，作者给我们带来了一种更具包容性的成功理念，助力我们开创一个健康而可持续的 21 世纪。

艾利森·梅特兰博士（Dr.Alison Maitland）

体育运动心理学家、人力资源主管和顾问

这是一本鞭策读者对输赢价值观进行自我审视的佳作。凯丝曾荣登精英体育之巅，也亲历了战乱地区惊心动魄的外交岁月。独特的生活经历，塑造了她正确看待与处理输赢的独特视角。

安妮·弗农（Annie Vernon）

记者、作家、奥运会奖牌获得者

在当今教育领域中，等级划分、指标评定、成绩排名等做法愈演愈烈，塑造了人们看待成功的习惯性心理预期。《长期思维》这本书突破传统观念，为读者带来了一种全新的叙事语言。作为大伦敦区一所走读学校的教师，我认为，需要建立这样一种新文化，以帮助下一代茁壮成长，不满足以成绩论英雄，而应在学校培育协作和担当精神，追求生活幸福。为此，我向你鼎力推荐此书。

苏茜·朗斯塔夫（SuzieLongstaff）

伦敦帕特尼中学（Putney High School）校长、前奥运会选手

《长期思维》这本书涉及体育、教育、外交和商业等诸多领域；汇集人生智慧，涓滴成河，勾画出实至名归、行稳致远的成功人生；指点江山，引导人生航船抵达彼岸。阅读此书，将会激发你对自己团队的价值和工作思路进行深入思考。

罗杰·贝利（Roger Bayly）

阿尔瓦雷斯－马萨尔公司（Alvarez&Marsal）总经理

一个工作团队抑或机构组织但凡要追求成功，无不以持续提升绩效为要。对此，凯丝·毕晓普在《长期思维》这本书中给出的观点发人深省，令人茅塞顿开、不忍释卷。说到底，这是一本启迪智慧之力作，它脱胎于最新研究成果及作者高水准运动员生涯和优秀外交官经历，凡有志于提高绩效者，切莫错过。

菲利普·斯泰尔斯博士（Dr.Philip Stiles）

剑桥大学贾奇商学院高级讲师

"不惜一切争一胜"的文化制造出"赢家"与"输家"，造成了世间不可胜数的烦恼与悲剧，似沉疴宿疾，影响着社会的整体幸福感。"赢家"抑或"输家"，终将深受其害。凯丝旁征博引，并结合自身作为奥林匹克运动员的经历撰成这本《长期思维》，文辞优美，读来使人心旷神怡。她憧憬的是一个充满仁爱之心、富有合作精神的美好世界，我心向往之。

罗兹·萨维奇（Roz Savage）

海洋划艇运动员、作家、演说家

当今时代瞬息万变，如何看待恒久成功？《长期思维》这本书为我们提供了一个非凡视角，无异于雪中送炭。作者文采之华美、洞见之深刻，当不输马修·赛义德和马尔科姆·格拉德韦尔（Malcom Gladwell）。举凡欲提升自己、成就他人者，读此书一定有益。

本·亨特－戴维斯（Ben Hunt-Davis）

前奥运会赛艇冠军、"如何才能把船划得更快"

（Will It Make the Boat Go Faster）

有限公司创始人

"胜者为王""不惜一切争一胜"为代表的文化，其影响之深超乎人们所料。凯丝在此举烛察幽，发出了振聋发聩的呼吁：是对我们的竞技、教育乃至生活方式进行改革、提升的时候了。《长期思维》这本书所呈现的健康、快乐、富有创造力的生活方式令人难以抗拒。从历史的维度来看，此书可谓应时而生，生逢其时。

西蒙·蒙迪（Simon Mundie）

英国 BBC 主持人

《长期思维》这本书令我不忍释卷。对教育家、商界精英、政策制定者和政治家来说，此书不啻为一部佳作；对于任何对变革输赢价值观和成功观感兴趣的读者来说，亦定能开卷有益。在家庭、企业和各种机构中，长期思维更亟待开枝散叶。这本书不仅让我们知其所以然，还将引导我们到达理想的彼岸。

海伦娜·莫里西女爵（Dame Helena Morrissey）

英国外交和联邦事务部（Foreign & Commonwealth Office）官员

译 者 序

成功之"殇"。

——英国一位女子奥运会赛艇亚军对"赢文化"的独立思考

公元前776年古奥林匹克运动诞生时，那些勇敢、健硕的古希腊人的初衷是向宙斯敬奉景仰之心。但300年之后，当时奥林匹克盛会中的体育、音乐和文学竞赛的参与者向往美好生活的精神，为年轻的苏格拉底认识到"追求卓越是人类的本性"提供了佐证，最终与弟子柏拉图、亚里士多德通过为西方文化奠定哲学基础，成功赋予了奥林匹克运动会深刻的精神内涵。

时光宛如穿过指尖的流沙，2000多年后的今天，古希腊人给历史馈赠的这份精神积淀绽放出"更高、更快、更强、更团结"的奥林匹克精神，激励着本书作者凯丝·毕晓普登上奥运会赛艇领奖台，成功跨界成为外交官并重返学林，走上剑桥贾奇商学院的讲坛。令人眼前一亮的是，在不断赢得鲜花和赞誉之后，这样的精神却又激发她回眸往事，登高望远，对"赢文化"进行深度反思，并通过此书与读者坦诚分享自己对成功之"殇"的独到见解。

按照人们对成功的传统衡量标准，假如将毕晓普与稍年长些的乔安妮·凯瑟琳·罗琳做一简要比较，尽管因行当不同可能有失公平，但我们会发现两位当代英国女性都有一个最大的共同点：小时候都性格内向腼腆，但均极富想象力，也都"经历过童年的'独霸时刻'"；后来，罗琳以《哈利·波特》风靡世界并创造了出版史上的神话，而毕晓普则成为首位获得女子赛艇世界冠军的英国女子，并在奥运会上取得了佳绩。

两人对成功的思考都具有理性、真实和细腻的特点。如果要找出她俩有什么不同点的话，那么审视成功与未来的角度及见解就是其中的一个。

罗琳善于思考"失败之利"（the fringe benefits of failure），正如她在2008年哈佛大学毕业典礼上所说，"失败给我带来一种内在安全感，使我不再伪装，开始做真实的自己，如果在某些方面取得成功，我可能从未下定决心要在我本应拼搏的领域获得成功。"可见，假如她没有对失败的深刻认识，读者尤其是青少年读者可能难有机会继续读到像《偶发空缺》或《布谷鸟的呼唤》这样可能影响他们人生的作品。

毕晓普却紧密结合自己的亲身经历"重新定义成功"，探索成功与人生的意义。她不客气地指出，今天的世界完全二元对立，非赢即输的二律背反思维主导着我们对成功真正含义的理解，小学生为争当头几名而比拼，将同学视为竞争对手而不是同窗好友；企业专注于击败并将对手逐出市场；政客竭力摧毁反对派，即使在声称坚持民主原则和拥有负责任政府的国家，他们也希望对手赢弱。这个由领导者、老师、教练、老板们构筑的二维世界，看上去是那样的一切顺理成章、天经地义，并且始终处在不断膨胀中，以至于我们竟然将生命的意义视为一场各种相互对立力量之间的生死博弈。

诚然，这位"纯"盎格鲁－撒克逊人，直面"赢文化"中这个本应男女平等但事实上仍然由男性主导的社会，并对此进行了强烈批评，同时对依旧严重的种族歧视亦愤懑不已。但她没有使用在赢得奥运奖牌那场比赛冲刺时的"爆发力"，也没有走阿里安娜·赫芬顿（Arianna Huffington）"重新定义成功——第三条道路"，即争当"领导第三次女性革命"之路，而是冷峻理智地指出：对职场上"性别密码"的研究，体现在一些会议、招聘以及晋升程序中与性别有关的用语里，而与这些行话有关的程序通常都是为力挺、维护一些强势男性领导者设计的，他们当中的绝大多数是白人。然而，为了在"当赢家"这场人生博弈游戏中实现自我价值，许多女性同样在与自己的性别进行顽强抗争。她们学习在求胜的过程中发展自己。因为她们知道，这是她们最终取得成功的唯一途径。

"在商言商"，作者对体育留下的墨迹是有相当分量的。1688 年英国的"光荣革命"助推了英国工业革命和大众体育，而今天该国体育大国地位的确立是参加 1896 年现代奥运会的产物。可以说，奥运精神打破了英国社会贵族体育与平民体育之间森严的等级和界限，促进了社会进步和经济发展。毕晓普从一位专业运动员的角度，展现了当代英国体育运动和运行管理机制的现状及其弊端。从这个角度看，本书的底色还是反映今天英国的社会现实，而作者那真挚的理想主义情愫、深厚的人文情怀和对美好人生的追求，均涓涓流淌于优雅的当代英式英语的字词之中。

然而，说穿了，当今世界或自古以来，崇拜英雄、争当赢家无不是人类的共性，但毕晓普认为这不是成功的全部。那么，何谓真正的成功？争当赢家的真正意义又在哪？

从本书字里行间不难看出，作者对美国前总统特朗普面对选票、英国现任首相约翰逊面对脱欧、抗疫和气候变化等问题的急功近利，都是不赞成的。同时，今天美军撤出阿富汗的结局，也不幸被毕晓普提前言中了。

可以说，作者在一定程度上赞同丘吉尔在领导英国战胜法西斯后总结出的理念，即成功造就伟大，"伟大的代价是责任"（the price of greatness is responsibility），而责任必须符合人类道义原则。

鉴于上述，她在全书收笔时娓娓道出：以人为本，在密切人类真实情感和体验中加强相互沟通与联系，建立、培养并不断拓展长期思维，以实现合作共赢。为更加凝练，她精心引用老子的"夫唯不争，故天下莫能与之争"，为全书画上了一个富有哲学意义的句号。

本书无疑是对国际奥委会将"更团结"列入奥运精神的一种诠释，而作者以一种全新观点解读成功的本真，指出追求成功的道法，更反映出目前西方社会有识之士对"人类命运共同体"理念的认同。这亦是此书值得一读的原因。

致　谢

献给我的父亲布赖恩（Brian），他那种永无穷尽的好奇心，总是鼓舞着我全力以赴、砥砺前行。

前　言

切莫认为闪光的都是金子。

——摘自神学家、诗人里尔的阿兰（Alain de Lille，约 1128—1202 年）

所著的《寓言集，1175 年》（*Parabolae, c1175*）一书

　　在我的人生经历中，那些发生在奥林匹克运动一线、冲突动荡地区、公司会议室和教学课堂的场景总是挥之不去，时常浮现脑际。为了能与读者分享这些故事、经历与探索，我将它们融为一体呈现在这里，希望能帮助你更好地理解商界、体育、教育和政务等受高度关注且专业性较强的领域。为此，我曾求教于不少职业运动员、专家学者、心理学家、教师和商界高管等，并从历史学、生物学、心理学、哲学和人类学方面汲取真知灼见。所有这些，都为我深入探究输赢价值观在人们生活中所扮演的角色起到了重要的作用。

　　"成功"在我们的文化中具有举足轻重的地位，构成了我们的意识乃至潜意识的一部分，但要把它表述清楚却不易。浮光掠影是一回事，鞭辟入里又是另一回事，二者之间可能会天差地别。因此，在本书中，我始终注意拓宽自己的视野，避免厚此薄彼，既对传统观念进行剖析，也对大量不同观点、倾向、偏见和信念进行深入的思考。

　　此书的写作是一项专业工程，既令人陶醉，也是一个成就自我的过程。我有幸亲历过几个不同的领域，包括竞技体育、外交、教育、商务和建立家庭，此书的写作为我的这些不同经历赋予了意义。

　　我试图在一众宽泛的主题内争取深度与广度的平衡，尽量使各章节具备知识性、趣味性和启发性。不揣冒昧，仅以此书对我们的想当然、思想和行为模式、习惯性理念，还有那些驱使我们及家庭、好友、队友和同事去争强好胜的内在动机提出挑战。

　　最后，我还希望借助此书，以现身说法的方式，激发读者去对"争当赢家"的意义与价值、"成功"的定义与内涵进行探索。我相信，这将为我们自己、为这个世界、为我们的后代开辟一片天空，实现宏图大志。

序　言

2004 年 8 月 21 日上午 9 时 10 分，希尼亚斯湖（Lake Schinias）[①]

　　我和队友等待在第二赛道出发线上，做了几次深呼吸。我俩的对手大都位于左侧，她们来自罗马尼亚、白俄罗斯、加拿大、德国，只有新西兰队位于右侧。尽管我按兵不动，但仍感到自己的心跳明显加快。远处，曾见证过久远历史的山峦平缓绵延，展示着希腊风情、拱卫着雅典城。我再次深呼吸，并匆匆回头快速瞟了一眼我的搭档。我俩眼神对视之际，相互发出会心微笑。一切尽在不言中。目光越过她，朝那正静若处子般静候着我们的 2000 米水面望去。我转回头，酣畅地呼气。出发区内万籁俱静，令人紧张不安。朝前望去，巨大的奥林匹克五环标志光彩夺目，矗立在发令台前方，裁判已经等待在台上。更深地进行呼吸。我凝神静气，想象着千百次练习过的动作，想着应该如何划好第一桨。我在内心深处某个隐秘的地方，正在盘算着接下来的七分钟的利害攸关。数年来，它曾令我朝思暮想，而今终于迎来这一刻。规则如铁，胜者为王。

[①]　希尼亚斯（Schinjas），希腊湖名，位于马拉松地区，2004 年雅典奥运会赛艇、皮划艇比赛场地。——译者注

2004 年 8 月 21 日上午 9 时 15 分，希尼亚斯湖

伴随着每一桨，我的苦痛犹如火上浇油。我拼命地呼吸，但感觉逐渐模糊，周边的一切变得朦朦胧胧，唯内心深处令人不可思议地保持着警觉。下意识使我感觉到关键时刻正在来临，接下来的 90 秒钟将对我今后的人生产生至深至远的影响。

大脑中所有知觉都集于这支在手中不停划动的桨、这条艇、这片湖、这一刻。但在潜意识的某个地方，过往的一幕幕场景却在风驰电掣般地闪过：不堪重负的学校考试、心灰意冷的体育课表现、使人气馁的体育课老师、同胞手足间的竞争、把考试结果带回家的局面、与桨的初次邂逅……星移斗转、波诡云谲。一切得意与失望、选择与机遇，即将在今日狭路相逢。

离终点大约还有 60 桨，我们已近乎精疲力竭。本能告诉我，我们必须再做最后一搏。从对周边的懵懂感觉中我知道，我们虽未一马当先，但也没有瞠乎其后，我们必须竭尽全力，用手中的桨以前所未有的力度，划出更快的速度。

早在比赛前我就清楚地意识到，前面有两则故事正等待我书写。多年来，教练和老师的言传身教、媒体的喋喋不休、对成败沉浮的耳濡目染等，使我深知两者之间的天壤之别。其一是书写荣耀、书写历史、实现梦想、万众仰慕的体育生涯故事，其二是屡战屡败、不堪造就、关键时刻终无所成的故事。二者均伺机而动，将以巨大的力量对我当下及未来的人生产生影响。

2004 年 8 月 21 日上午 9 时 16 分，希尼亚斯湖

为了决定命运的最后几桨，尽管我几乎要垮掉了，但仍拼尽最后的气力。

船桨入水、奋力加速、出水，节奏尽可能紧凑，加速尽可能迅捷，时机尽可能准。经历过数千小时的适应，我与队友可以利用单字节呼号进行沟通，甚至心生感应，实现炉火纯青的完美配合。

此时，更多念头在我的潜意识中不断涌现：所有爱我、力挺我的人……成败在此一举……往事如烟……我该金盆洗手了……有更多气力就好了……

被挤得水泄不通的看台就在我们旁边，观众们捶胸顿足、声嘶力竭，喧嚣的声浪扑面而来。尽管我正心无旁骛地调动我的全部本能划好冲刺的每一桨，对外界的声音近乎充耳不闻，但仍能感受到不绝于耳的嘈杂。现在支撑我的完全是本能。

2004 年 8 月 21 日上午 9 时 17 分，希尼亚斯湖

我俩正越过终点线。观众席突然鸦雀无声。在经历了超高强度的应急反应、释放出空前的能量后，紧绷的神经松弛了，我的身体一下子扑到了船桨上。听觉逐渐清晰，双肺狂吸着新鲜空气，呼哧声震耳欲聋。大脑和身体自然进入了赛后调整。身体肌肉开始释放出大量乳酸，以应对缺氧所导致的不良反应。脑中开始复盘刚才的场景、估算着这一切对我俩的意义。一个无比迫切的问题是：我们赢了吗？

参赛队中，有三个队的所在国曾经获得奥运赛艇比赛的奖牌，来白这三个国家的啦啦队队员们不停地挥舞着各自的国旗，不停地高声呼喊。我抬眼望去，看到的只是屈指可数的几面英国国旗在向我们挥动。

电子提示器发出不带任何情感色彩的嘟嘟声，提示我俩已越过终点线，多年的拼搏终于尘埃落定。对于大多数人来说，这是希望的终点、是梦醒的时刻。更多的赛艇抵达，提示声此起彼伏。尽管已精疲力竭，我们还是能够分辨

出哪一声属于自己。我知道属于我们的那一声，却无法立即破解其中的含义。

赛艇选手在艇上都是背向前进方向的，能够看到落在后面的赛艇，却看不到冲到前面的。我们疲惫地划着桨，驾驶着赛艇，几秒钟前还被我们追赶的赛艇大多映入眼帘，独缺一只。我马上意识到这意味着什么。

2004 年 8 月 21 日上午 9 点 20 分，希尼亚斯湖

比赛结束没多会儿，工作人员引导我们调转方向，紧挨观众席，划向设有颁奖台的浮桥。这对我是一条破天荒的路线。之前参加世界锦标赛，仅有两次我被引导到这样的方向，在奥运会上却绝无如此待遇。之前参加的两届奥运会上，我无不是带着刻骨铭心的挫败感，黯然神伤、蹑手蹑脚地划回赛艇靠泊区。

我心慌意乱地注视着那些向我们疯狂挥动国旗的陌生面孔，竭力搜寻着熟悉的面容。我的大脑仍纷乱如麻，身体也没能完全从几分钟前才结束的那使人精疲力竭的七分钟内恢复过来。到达浮桥，我懵懵懂懂地离开赛艇，本能地拥抱了一下我的搭档凯瑟琳。这时，我的双腿不由自主地一软，坐了下来，任凭强烈的阳光炙烤着刚刚比赛下来、严重脱水的虚弱身体。后勤团队的一位工作人员犹如从天而降，及时送来了补给的饮用水。此时水的味道竟然如此甘美，胜过任何山珍海味。

很快，我们被引领到等候一旁的英国广播公司（BBC）记者面前，大名鼎鼎的五届奥运会冠军史蒂夫·雷德格雷夫（Steve Redgrave）[①]也在那里。麦克风几乎碰到我的鼻子，我被问到对比赛结果的感想。老实说没有任何感想。

---

① 史蒂夫·雷德格雷夫是英国家喻户晓的赛艇运动员。——译者注

我的大脑尚在天马行空，试图破解刚刚发生的一切，以及这一切对我人生的意义。我不得不搜肠刮肚，尝试着回答。我已记不清当时具体说了些什么，大概是说能参加本届奥运会是我的荣幸、我们在比赛中尽了最大努力之类的话。答非所问吧。

采访结束。我们排好队，准备接受颁奖。根据冠军居中、亚军居右、季军居左的礼宾规则，我俩的位置在右侧。奖牌挂上脖颈，仿效古代奥林匹克仪式的花环桂冠戴上头顶，获奖者各自国家的国旗升起，冠军的国歌奏响。

所感、所思、所盼、所虑，大脑中仍然千头万绪、纷乱如麻。多年的企盼、赛前的紧张已使我精疲力竭，而今终于画上了句号。虽然如释重负，但仍感到忐忑不安，莫名的想法纷纷扰扰：我俩已倾尽全力，我俩登上了领奖台，我俩取得了亚军。然而，我该如何看待这一切呢？

成 耶 败 耶

内部举行的赛后分析会上，我仍无法摆脱心中的纠结：别人会怎样看待我们的成绩？首先映入脑海的是我的队友。几个小时以来，她一直在我身后两英尺的位置上坐着。于我，这是第一次获得奥运奖牌；而于凯瑟琳，这是她的第二枚奥运银牌了。这是一个胜者为王的世界，没人会甘居第二。我们具有共同的愿望，也曾在公开场合信誓旦旦，但她立志在此前的奥运会经验的基础上更上一层楼，赢得英国历史上第一枚奥林匹克女子划艇比赛金牌。但是，赛前的经历一波三折，在通往决赛并登上领奖台的道路上，我们步履维艰，其中的酸甜苦辣、冷言热语，刻骨铭心。

随之而来的是：我们教练会怎么看？他指导的团队在 1996 年亚特兰大奥运会上荣登冠军宝座，而在他自己的祖国举行的 2000 年悉尼奥运会上却仅取得第二名，这曾令他痛苦不堪。我深知，这是他第一次率英国队进军奥运会，绝不会满足于屈居亚军。此时此刻，我不知他身在何处，但我知道，在见到我们之前，他一定要先独自沉思默想一番。

还有别人又会怎么看？新闻记者自有其立场，可能已经做出裁定，在明天的新闻报道中就将呈现给读者，然后去追逐下一场比赛。其他人的评判也会纷至沓来。泰晤士河畔的父老乡亲会很快对谁是英雄、谁是狗熊，谁在冲锋陷阵、谁又在裹足不前做出他们的评判。

可怜天下父母心。"父母会作何感想呢？"想到这里，我立时眉头舒展，感到释然。如果我还有力气开怀大笑，一定会这样做。祝福他们！这是一个全然不同的评判体系。他们知道我对比赛结果很在乎，仅此而已。要不是我的缘故，他们绝不会为体育而浪费任何时间。他们知道如何察言观色，判断我的反应，然后做出反应。我曾经也有失误的时候。在某次重大比赛后，他们向我道喜，而偏偏那次比赛是我的"滑铁卢"。因此，我毫不领情，哭丧着脸。从那以后，他们很快学会了亦步亦趋，始终保持着与我一致的情绪状态。

就这样，我越过了终点线，但成为赢家价值几何、成功又该是什么样子、该有何种感受等问题却潮水般涌入了我的脑际，并从此占据了我的脑海，昼思夜想，挥之不去。

时至今日，每每与人交谈，我最常被问及的问题依然是："当你冲过终点线时，想的是什么？"很长一段时间，我一直冥思苦想、反观内照，试图找到最佳答案。直到有一天，我如梦初醒：这个问题不但对提问者是个问题，对我这个回答者又何尝不是？！成功是什么？为了建立起自己的评判标准，转而求助于他人的感受，你我皆然。

曾几何时，我曾认为，是我一人陷入了迷魂阵。如今，我已豁然开朗：这个问题非我独有。

导　言

当我从体坛退役时，我的确误以为自己离开的是那个曾经令我如醉如痴的世界，并且从今往后奖牌与荣耀将再也与我无缘。但出乎预料的是，我在外交舞台、企业管理、生儿育女和教书育人等领域中却收获了别样的成功。当我环顾四周，目光所及之处，人人总在追求自己心目中的成功，而成功无时不在、无处不在。老话说得有理：天空中绝非"除却巫山不是云"。在我认识到成功与荣誉不仅仅属于竞技体育独有，更不仅仅属于我个人独享之后，令我再次沉湎其中的还是成功与荣耀，不同之处在于：人们对成功与荣耀的追逐是如何浸入我们的生活乃至整个社会的方方面面的，以及是怎样达到如此之深的地步的？

在我涉足外交领域之后，我发现政治谈判变成了成功与荣耀的分野，外交官在谈判桌上折冲樽俎，纵横捭阖，无论是赢家还是输家，他们所遇到的挑战风险及其重大利害关系均远非赛场可比。然而，当我再次改弦易辙，开始从事与领导力扩展的培训和组织实施有关的工作后，呈现在我面前的又是另一番景象：角力场上，领军人物熙熙攘攘，公司企业千姿百态，无一不在奋力勇攀高峰，无人不在竭力开拓进取，探索"赢家模式"与"成功秘诀"。

随着初为人母、相夫教子成为我的生活常态之后，我仿佛重新回到了学生时代，成功者与失败者的标准变成了优等生或劣等生。通过大小考试、各科分数及班级或年级成绩排名，每一个学生或明或暗地都被贴上了"有才华、有天赋"或"没志向、不上道"的标签。此外，我当年的大学好友们，无论是在从事与法律有关的职业，还是在做金融服务或管理咨询，人人都在各自的领域中像奥运选手一样为争取最好的成绩而拼尽全力。

我们都深深地陷入了描述鲜花与掌声的文字与语言之中，都被这种特别的"成功文化"包围得严严实实。毫不夸张地讲，数百万计的书籍和各式产品均信誓旦旦地承诺将我们打造成为各自领域的"赢家""成功人士""胜利者"。甚至在 20 世纪的流行歌曲中，有相当一部分的主题是直接反映成功的，其中不乏一些知名乐队发行的一些颂扬成功者的专辑。例如，瑞典流行乐队 ABBA[①] 发行的《赢者通吃》（*The Winner Takes It All*）、英国滚石乐队（the Rolling Stones）的《赢得不光彩》（*Winning Ugly*）和英国皇后摇滚乐队[②]（Queen）的《我们是冠军》（*We Are the Champions*）等歌曲。

电视屏幕、广告渠道和社交媒体塑造的成功人士更是五花八门、不胜枚举，这些人物形象都经过精心雕琢，也都是社会公众人物。大凡呈现在人们眼前的，都有所谓"成功范儿"。他们或是体坛名人，或是时尚宠儿，或是政坛风云人物，或是商界大佬。那么，这些司空见惯的成功人物对我们关于世界的认知产生着怎样的影响呢？我们渴望效仿谁？他或她又将如何垂教我们？我们与生活和工作圈子中的人又属于什么关系？相互间属于竞争者还是

---

① ABBA 是瑞典的一支流行乐队，成立于 1972 年，据不完全统计，该乐队在全球销售的专辑在 1.5 亿~5 亿张，其知名度几乎可与英国队的甲壳虫乐队（The Beatles）比肩。ABBA 是四位创始人名字首字母的缩写，他们分别是：安妮弗里德·西尼莱格斯泰德（Annifrid Lyngstad）、本尼·安德森（Benny Andersson）、比约恩·奥瓦尔斯（Bjorn Ulvaeus）和阿格妮莎·福斯克格（Agnetha Faltskog）。——译者注

② 英国皇后摇滚乐队是英国的一支摇滚乐队，在 20 世纪 70 年代一度风靡全球，该乐辑在全球的销售近 1.9 亿张。——译者注

同事？是朋友还是敌人？我们应该对他们尽力相助，还是视利害关系有所亲疏，甚至合纵连横，分化瓦解？

与此同时，与成功相关的语言几乎渗透到了每个人日常生活的每个角落，无论我们身处何地，可谓言必称成功，并且有意识或无意识地坚信，没有人不在为成功而拼搏。要挑战这种状况是何其艰难（一般情况下，可能只有"失败者"愿意这样做）。然而，这正是我斗胆尝试要做的事情。对成功进行过于简单、狭隘的定义，可能导致一些严重且不可测的后果。"成功是好事，失败是坏事"这种二元对立的认识，绝不是评价真实生活的客观标准。事实上，这种思维和观点对我们没有任何益处，而这正是我写作本书的目的。简而言之，为了帮助读者在未来生活中尽可能更圆满地重新塑造成功，本书将对伴随着荣耀与奖杯而来的成功到底意味着什么进行深入剖析。

定 义 成 功

何为成功？我们应该对这个主题作何种假设呢？当我向友人或听众提出"对你而言，何为成功"时，跃入他们脑际的概念或画面通常包括：奖牌与颁奖台、奖杯与观众席上此起彼伏的欢呼雀跃以及横扫对手勇夺第一的胜利者。当然，他们还会联想到那些画面中人的某些面部表情和肢体动作，例如眉开眼笑、挥舞拳头、振臂高呼等。与此同时，还有某些套话、旁白，其中人们最熟悉的莫过于"人人都爱戴胜利者"或"问题不在获胜本身，重在参与"（说此话者，总是用酸溜溜、嘲讽的语调）。每当有人抒发这番议论时，他们总是对个人的人生中的那些风光时刻念念不忘，对自己崇拜的奥运偶像、过去和当下的体育明星、企业界的领军人物、国际金融大鳄，以及从拿破仑到曼德拉等无数历史风云人物及其传奇经历而津津乐道。

在当今的现实生活中，这些人物形象或个人偶像的确在世界各个角落都是高大的，甚至享有崇高威望。在各自生活的不同时代，他们中的一部分人被视为超人。今天，他们再现着过去那些重要的历史时刻。在世人眼里，他们不但充满神秘色彩，甚至超凡入圣。然而，今天人们对成功含义的本能反应是如此强烈，这不仅渗透到了我们的日常家庭生活和工作中，甚至渗透到了社会准则之中。获胜等于成功，成功就是获胜，这些都意味着要痛击对手。

每当谈到竞争，人们总习惯引用"大浪淘沙"这句老话，也经常将人类的一些重大科学发现归功于竞争和比拼，他们认为从南极科考到 1969 年人类首次登月，这些重大科技进步都是多国角力所带来的成就。但我认为这个问题绝对不会这么简单，如果仅仅将竞争作为取得这些成绩最重要、最核心的动因，那么很多其他重要的因素必将会因此而被忽略。

人们膜拜着那些偶像，将他们奉为英雄和楷模，但对我来说，我更希望深入了解他们更多的人生云谲波诡、兴衰泰否。就以创造了人类历史的首批登上月球的两名宇航员来说，尼尔·阿姆斯特朗（Neil Armstrong）和巴兹·奥尔德林（Buzz Aldrin）① 先后走出登月舱，第一次将人类的足迹永远留在了月球上，然而他们在地球上的日常生活又是怎样的呢？当他们完成登月使命返回地球时，又有何感受呢？关于这些问题，我在鲜花、欢呼和赞誉之外，还发现了一些沮丧、失落和痛心的故事，且流传甚广。其中，奥尔德林

---

① 巴兹·奥尔德林是 E.E.（小）奥尔德林（Edwin Eugene "Buzz" Aldrin, Jr.）的昵称。1969 年 7 月，奥尔德林作为美国阿波罗 11 号登月舱"鹰"的驾驶员，在指挥长阿姆斯特朗登上月球 19 分钟后也成功踏上月球表面，他俩在月球表面停留了 21 小时 36 分钟，完成各项预定任务后，搭乘由另外一名宇航员迈克尔·柯林斯（Michael Collins, 1930—2021 年）独自驾驶并在绕月飞行的返回舱之后，成功回到地球。奥尔德林 1973 年出版自传《回到地球》，2020 年又出版《无垠的孤寂》（*Magnificent Desolation*）。柯林斯于 2021 年 4 月 28 日逝世，享年 90 岁。——译者注

的感慨就十分耐人寻味：当他从月面返回地球时，他从返回舱窗口眺望浩瀚无边的宇宙，感慨万分，并将那一刻的所见、所思生动地描述为"寰宇竟是如此的'无垠与孤寂'"。

20 世纪六七十年代（美国与苏联）围绕登月展开的那场竞赛曾演变成了冷战时期国际政治对抗的重要组成部分，双方一度陷入了一场相互争锋的无休止的口水战。滑稽的是，目前看来，政治上的赢家与成功，与应对我们这个时代所面临的一些重大政治性问题几乎没有什么必然的联系，这些政治问题包括气候变化、恐怖主义、全球公共健康威胁和社会公平，等等。如果我们再翻看那些过去几十年内有关全球军事行动的记录，从越南到伊拉克再到阿富汗，个别国家领导人曾信誓旦旦地承诺过的胜利，最终又有哪一次变成了现实，政治上的最终胜负又究竟花落谁家呢？时至今日，围绕到底谁是冷战胜利者的争论仍未停息，最终也只能是一场没有输赢的战争。对此，约翰·勒卡雷（John LeCarre）笔下的两位角色乔治·斯迈利（GeorgeSmiley）和卡拉（Karla）之间发生的那场持久的、毫无意义的竞争也许就是对于冷战结局的生动体现。①

人人都痴迷于对成功的一种简单化的定义。在日常生活中，有三句话最为引人入胜。一是"先下手为强，如风卷残云，横扫所有对手"，这句话已成为人们思想上对"赢"最简单的本能反应；二是"赢不是问题的全部，赢只是赢本身"，这是董事会、体育赛场和家庭中的口头禅；三是"这就是生活，

① 约翰·勒卡雷是英国作家大卫·约翰·莫尔·康维（David John Moore Cornwe）的笔名，曾就读于牛津大学林肯学院，并在伊顿公学任教。在进入英国外交部门工作后不久加入英国秘密情报局（M16）并在联邦德国工作。他出版过多部冷战题材的惊险小说。本文提到的两个角色来自《补锅匠、裁缝、士兵、间谍》（*Tinker, Tailor, Soldier and Spy*）。这部小说被 BBC 改编了系列电视剧。——译者注

就是生活方式"。大多数人早已对这三句话习以为常，并且实际上也在身体力行，照方抓药。这无疑是对我们脑海中的一个信念的强化，即对我们生活中的优秀者来说，赢是放之四海而皆准的强大力量，人人都应该崇尚这种力量。对此，人人都接受并传承，但我不认同。尽管我的看法表面上很另类，甚至离经叛道，但我决不愿随波逐流，人云亦云。

试问，难道赢就一定能与成功画等号吗？试想当赢不意味着成功时又将是怎样的情形呢？例如，兰斯·阿姆斯特朗（Lance Armstrong）[1]所获得的七枚环法自行车赛冠军奖牌就因兴奋剂丑闻而被收回。再如，英格兰顶级橄榄球运动员乔尼·威尔金森（Jonny Wilkinson）[2]在赢得世界杯后，陡然发现自己曾期待的"夺冠后的欢愉"却是另一番滋味，用他自己的话说就是"我始终没有盼来我所期望的愉悦"。此外，我还听说另外一位奥运选手的真实故事，当他离开冠军领奖台回到更衣室后，将挂在胸前的金牌摘下并愤然扔进了垃圾桶，因为在夺冠道路上他所付出的艰辛不堪回首。这类例子比比皆是。

这不禁让我们思考这样几个问题：我们应该如何评价发生在成功背后的那些故事？那些最终脱颖而出登上冠军领奖台的幸运儿曾付出了怎样的代价？曾与这些赢得殊荣者同场竞技却又因与奖牌失之交臂而被遗忘或遭抛弃的拼搏对手的所思所想是什么？由于人们对成功标准的片面理解或忽视了这些标准的局限性，又导致多少天资聪颖、才华横溢、前途无量的英才被抛弃甚至被扼杀？

---

[1] 兰斯·阿姆斯特朗是美国著名公路自行车选手，1999—2005 年间七次夺得环法自行车赛冠军。他因将顽强的体育精神用于与睾丸癌抗争并最终战胜病魔而广受赞誉，但也因兴奋剂丑闻而备受批评。——译者注

[2] 乔尼·威尔金森，英国橄榄球联盟运动员，亦是英国橄榄球联盟队的领军人物。——译者注

让我们再看一看商业领域。不少企业之间的竞争原本可以使各方都能最大限度受益，从而形成多赢局面，但结果却往往事与愿违，各方都遭受严重损失。在现实中，这类例子不胜枚举。

譬如，我们今天应如何评价曾名噪一时的"连环赢家"（serial winner）弗雷德·古德温（Fred Goodwin）[①]这一典型案例。2008年，古德温使苏格兰皇家银行（Royal Bank of Scotland）遭受了英国历史上最严重的企业年度亏损，迫使英国政府当年不得不出台史无前例的救助计划。

又如，在世界顶级投资家伯纳德·麦道夫（Bernie Madoff）[②]费尽心机编造的世界金融史上最大的庞氏骗局崩盘之前，谁敢想象竟会有这样的弥天大谎？

再看看美国能源领域昔日巨头安然公司（Enron）和世界主要汽车制造公司大众公司（Volkswagen），又有谁能预测到这样的企业会因缺乏长远目标而功亏一篑呢？

今天的世界高度组织化，万事万物都相互依存，可谓一荣俱荣、一损俱损。如果一家企业的年度增长呈一条水平线，即增长率为零，与其他合作伙伴之间没有互动，那么这种情况表明，一家普普通通的企业如果总要自诩自己"最强、最好""打败竞争对手""做老大"等，在商界显然是行不通的。

在教育领域的学校体系中，即从幼儿园到大学课堂实行的考核标准大都是分数、目标、排名，这导致大量的教师跳槽另谋高就。无数研究表明，校

---

① 弗雷德·古德温曾任英国克莱德斯戴尔银行（Clydesdale Bank）和约克郡银行（Yorkshire Bank）首席执行官，1998年加入苏格兰皇家银行，2000年出任其首席执行官。——译者注

② 伯纳德·麦道夫1938年生于纽约，美国金融界经纪人、伯纳德·麦道夫投资证券公司创立者，曾任纳斯达克主席，美国历史上最大诈骗案"庞氏骗局"的制造者，诈骗金额超过600亿美元。2009年在纽约被判处150年监禁。2021年死于狱中。——译者注

园中的优等生，即排名在"A"的学生，他们日后的职业生涯中表现并不出色。这方面的实例也比比皆是：比尔·盖茨当年从哈佛大学中途退学；无论史蒂夫·乔布斯还是理查德·布兰森（Richard Branson）[①] 都不是学霸出身。

市场营销的主管们总是尽全力实现他们的营销目标并成功拿到他们的年度红利。但我同样了解到一些实际情况，一旦现有的客户和同事不能继续为他的营销目标添砖加瓦，他就会慢慢疏远他们。这里的潜规则是"一切的一切皆为了'利润和利益'"。我曾遇到一位哈佛大学商学院的毕业生，他告诉我，自己目前在一家投资公司工作，年薪120万美元，已经实现了他在学生时代对成功所预设的大部分目标。但他还是坦率地说，他现在对去办公室工作已十分厌倦，"我感觉到现在简直是在白白浪费自己的生命。"

想赢怕输已经成为一种思维定式，并对社会的各个方面都产生了不良的后果。大量的事实证明，这种理念对报章杂志和学术研究的质量，以及我们有争议的司法制度也造成了负面影响。一些影响足以引起社会高度关注的司法案件频频被媒体曝光，有些案件还由于情节极具戏剧性，不断地被搬上好莱坞的银幕。为了打赢官司，控辩双方在法庭上唇枪舌剑，针锋相对，每一方都会以虚虚实实、恣意歪曲甚至欺诈等手段来极力证明对方有罪。其过程跌宕起伏，引人入胜，观众自然会趋之若鹜。

当我们从更长远的角度和更宽广的视野对一些"跃过龙门者"进行审视的时候，我们对其带有共性的成功定义就开始动摇了。只要提到"赢"，人们的第一反应就会联系到这样场面：体育冠军站在领奖台上、某家企业宣布年度盈利、某位法官宣布谁赢得官司，或者某个政党声称以压倒性多数在选举

---

① 理查德·布兰森是英国顶级企业家，1973年与他人组建维珍唱片公司，不久成为朋克和新浪潮音乐主要合伙人，早期热心汽艇和热气球飞行，后从事太空旅行。1998年出版自传，1999年被封为爵士。——译者注

中获胜，等等。时至今天，克里斯·埃弗特（Chris Evert）[①]那句耐人寻味的话仍被人们经常引用：夺得温布尔登网球公开赛[②]冠军的兴奋感充其量只能持续一周。这就提醒我们应该关注与成功紧密相关的几个问题。

例如，一名运动员夺金或失利后的所思所想，赢得奖牌或未能如愿对一名运动员未来的人生旅程意味着什么？

再如，衡量一家企业的成功，难道不应该通盘考虑该企业的员工、所处社区甚至更大范围、更长时间等因素吗？

又譬如，校园中的优等生们应该如何为今后生活预做准备？政坛上的领导人在赢得权力后，应该怎样将选举的成功转化为解决一些阻碍时代进步的能力，并将这种能力转化为实际效果？

美国体育界传奇教练瓦洛莉·康多斯·菲尔德（Valorie Kondos Field）曾告诉我，在当今教育、竞技体育和商业领域中，我们对夺冠的迷恋正使"人类支离破碎"。她认为，获胜与成功不能直接画等号。对此，她在 TED 演讲中作了进一步解释：

> ……为求一胜，我们创造了无所不用其极的一种"赢文化"，这种文化正在将我们引入危险的境地……作为一个社会群体，我们崇敬那些位于金字塔尖的英雄，并且热情洋溢地为夺得冠军、赢得选举和获得奖章者欢呼雀跃。然而，可悲的是，这些人经常会因为"赢"而导致其人格受到伤害，从而变得与我们这个社会格格不入。同样令人惋惜的是，不少保持全"A"记录的学生，当他们离别母

---

① 克里斯·埃弗特，前世界排名第一的美国女子网球选手，共赢得 18 次大满贯。——译者注
② 温布尔登（Wimbledon）位于伦敦西南，在此举办的网球公开赛是国际网联的四个大满贯系列赛事之一。——译者注

校时，同样曾因在每一次大考、小考中拿到 A，而造成其人格和精神的扭曲；而胸前曾挂过各种奖牌、家中陈列柜里放满了各式奖杯的运动员，在退役时情绪、精神和身体均伤痕累累者更是比比皆是；曾经为公司利润立下汗马功劳的员工退休后，总习惯因与他人进行比较而心里永不平衡。

如果在"赢"中埋着这么多的"钉子"，难道现在我们还不应该对其进行深入细致的分析，找到问题症结所在和解决方案吗？！

作为本书的作者，我既没有因抱着"吃不到葡萄说葡萄酸"的想法而一味排斥获胜、竞争或人们追求卓越的愿望，也没有要降低衡量学校教学质量、竞技运动水平、企业发展等标准的意思。恰恰相反，我只是想通过此书，一方面，对涉及夺冠、竞争和成功人为构筑的认知定式提出质疑，从而探讨如何才能做得更好；另一方面，对这样一种情形进行思考，即每当获得金牌却没能给我们的生活带来真正意义上的成功时，我们要么不假思索，要么寻找借口，自我慰藉。我认为，要真正理解"赢"，就像了解一枚硬币那样，必须认识其正面和反面，才能重新定义成功，从而不再盲目追求第一，并确立远大目标。

今天，"当赢家"已成为一种文化，且根深蒂固。这意味着要真正认清这种文化现象，必须对其表象和实质都进行研究，而该文化的实质还是人的思维模式，其中包括一个人的信念、偏见、认知以及观察事物的视角等。然而，令人惊讶的现实是，一方面，我们对这种文化现象几乎毫不关注甚至从不思考；另一方面，我们每一天又都必须面对一系列显性的工作，例如会议或面晤、电话或项目策划等，似乎忽略了隐性的东西——思想、信仰、情感和思考问题的方式等，而恰恰是这些最重要的隐性要素决定并对那些显性的工作的效果产生着直接的影响，同时还支配着我们的行为模式以及与他人的相处之道。在接下来的章节中，我们将重点讨论在我们生活中占据主要地位的显性和隐性要素。

全书共分三部分。第一部分的各章将从语言、科学和历史的视角，重点分析"赢""取胜"究竟是如何发展成像今天这样的文化现象的，同时，还将讨论这种文化又是如何超越语言与文化、宗教与哲学以及心理学和生物学等领域，对人们的社会生活产生一系列影响的。这些探讨，虽谈不上全面深刻，但至少对正确认识我们对制胜的各种看法的形成过程是有裨益的。

第二部分将以更大的视野，重点讨论人们执着于制胜是如何对社会教育、竞技体育、商业和政治不断产生影响的。对此，我将从不同的角度，对自己的体验、别人与我分享的亲身经历以及大众所熟知的一些案例进行讨论。我希望这些讨论既能激发我们重新思考成功的含义，又能帮助我们重新定义成功。

本书的最后一部分将重点分析"长期"的道法，这也许可以视为对成功所作的某种新定义，其关键问题是应该如何为自己和社会理解成功的真正含义建立一种积极的新看法，而不是墨守成规。此外，我们还将对如何在实际生活中践行长期思维所涉及的问题、诀窍和策略等展开讨论。

众所周知，提出问题是解决问题的有效手段之一。为此，本书之所以不断提出问题，旨在通过这些问题对我们提高领悟力、改进思维模式，以及勇于尝试以不同的方式处理不同的问题等方面有所启示。如果你希望对我们已经习以为常的信条、假设和所谓的"普遍真理"提出质疑的话，那就必须换一个视角来看世界，并对所见所闻进行新的思考。说到这里，我想起一个笑话，大意是，一条鱼问另一条鱼："这里的水如何？"它得到的与其说是答案，还不如说是对方的反问："水是什么鬼？"借此，我也想问，在当今我们的生活中，"当赢家"的这些含义到底是怎么渗入其中的？答案就在本书里。

在接下来的三章中，我们将重点回顾"争当赢家"的相关语言、科技和历史对我们生活所形成的支配作用，又是如何一步步达到今天这种程度的。现在，让咱们就直奔主题吧。

目录

第三部分 重新定义成功

第一部分

"赢" 究竟意味着什么

谁赢了才是塑造我们生活的关键因素，其余的一切都不重要。

——摘自神经系统科学家伊恩·罗伯逊（Ian Robertson）教授

所著的《赢家效应：成功科学及其应用》

（*The Winner Effect:The Science of Success and How to Use It*）一书

第1章

"输家！"：一种赢家"炮制"的话语权

我在大学时期的几位导师都曾严厉地提醒过我："小心！不要重蹈输家们的覆辙。"他们还努力引导我不要将大把的时间花在体育运动和泡吧上。那时，学校里有一位曾指导奥运会运动队的赛艇教练带了我好几年，他总是要求我和我们赛艇队的队友学习并牢记一个问题："你是要成为一名冠军还是一个失败者？"现在回忆起来，我们的这位教练特别擅长挑选强调这个问题的时间节点，可谓恰到好处。譬如，在平常的训练中，每当我们暴露出自己的弱点、动力不足、对自己的能力产生怀疑或身心疲惫不堪时，他就会使用激将法，重申这个问题，以激励我们。多年后，我步入职场，遇到了几位不同的顶头上司，他们给我的忠告是如果受到不公待遇或误解，绝对不要抱怨，"因为没有人喜欢那些唠唠叨叨的人，喋喋不休者不但不受待见，还会被视为失败者，最终很难有发展"。

截至目前，在我的生活中有一句话不绝于耳："你想成为成功者中的一员，还是愿意混迹于失败者群体中？"这个问题还频频出现在荧屏上、书籍中和各式各样的讲话里。对我来说，这句话是对我的某种暗示：如果我将昔日的导师、教练和老板曾经给我的忠告当成耳旁风，那我要么栽跟斗，要么注定失败。在我的脑海里，这个暗示有时清晰、有时又模糊。然而，无论如何，它是来自一些长者，准确地说，出自手中握有权力的人士之口，因而强化了我的这种意识，即在涉及自己发展的实质性选择中，得失应该是考虑的重点。在这个问题上，领导者、老师、教练和老板无疑已经构筑起了一个二元世界。这个世界看上去完全是顺理成章、天经地义的，并且它始终处在不断的膨胀过程中，以至于让人们竟然将生命的意义视为一场各种相互对立力量之间的博弈。

在当代社会的语境中，涉及输赢和成败的语言，以及思考和认识我们所生活的世界的方式，成了描写并界定胜利和英雄最深刻、最持久的工具。无论是在我们的办公室、生产车间、交易场所，还是在学校、家庭和各种书面媒体或广播电视节目中，它们仍然占据支配地位，发挥着举足轻重的作用。关于输赢的词汇主导着人们关于市场份额、如何成为市场领军者、怎样搏杀竞争对手等话题的对话或讨论。环顾全球，没有哪一家证券交易所每天发布的新闻不是关于哪家上市公司是赢家、哪个是输家等几家欢乐几家愁的故事。

同样在我们的生活中，冠以"揭开成功奥秘""助你成为胜者"等大标题的书刊、专题报告和产品铺天盖地，令人目不暇接。从洗发、护发产品到市场促销，再到线上销售，关于这类制胜法宝的宣传品无处不在，它们要么夸下海口教你如何夺冠，要么承诺助你实现自己的梦想。

就书籍的影响力而言，美国通用电气公司前首席执行官杰克·韦尔奇（Jack Welch）于 20 世纪 70 年代出版的经典自传《赢》（*Winning: The Ultimate Business How-To Book*）的影响力远远超出了商业领域；而在两届奥运会中共夺得四枚金牌的英国中长跑选手、国际田径联合会（IAAF）主席塞巴斯蒂安·科（Sebastian Coe）[①]所著的《制胜思维》（*The Winning Mind*）也被社会各界所推崇。

此外，一些专著的侧重点也不一样。例如，在《胜利者及其制胜之道》

---

① 塞巴斯蒂安·科，英国田径选手、帝国奖章获得者、保守党政治家。——译者注

（*Winners and How They Succeed*）一书作者、英国政府政治顾问阿力斯泰尔·坎贝尔（Alistair Campbell）[①]，尝试建立一套走向成功的模式；英格兰橄榄球教练、企业家克莱夫·伍德沃德（Clive Woodword）在其所著的《赢》（*Winning*）一书出版后，别出心裁地推出其姊妹篇《如何赢》（*How To Win*），并将切入点放到领导力方面。相比之下，《纽约时报》记者尼尔·欧文（Neil Irwin）讨论的主题是对事业发展航向的把舵，他将自己的书定名为《如何在胜者通吃的世界中胜出》（*How to Win in a Winner-Takes-All World*）。对我们每一个人今天所面临的难题来说，这个书名可谓切中要害。

简而言之，制胜之道，见仁见智，我还可以罗列很多。

今天，无论你到哪家书店，不管是在商业、体育或历史书架上，都能发现以"成功"为书名的书籍比比皆是，可信手拈来。同样，只要你在书店的自助检索电脑上输入诸如"成功"之类的关键词，这类书籍的名录将会铺天盖地、迎面而来，令人目不暇接。不管是真是假，万变不离其宗的是，每一本这样的书中无一不是关于走向成功的各种小贴士、方式方法、模式图表之类的内容。这就好比今天的减肥产业，读者出于对减肥效果的期盼，对每一本新书中的良方都趋之若鹜，渴望新方法能给自己带来优美的身材。

无论在大学、中学或小学校园里，描述成功的各种至理名言始终回荡在操场上，萦绕在考试大厅。学生们从周围世界学到的是：自己必须拼命弄懂所有问题的答案方能脱颖而出、金榜题名。在许多国家，各类学校为了从长计议，规划未来，都不得不竭尽全力在排行榜上占有一席之地，这与足球俱

---

① 阿力斯泰尔·坎贝尔，曾任英国首相府通信和战略部主任，有英国新工党"总设计师"之称。因 2003 年力主布莱尔首相配合美国总统小布什，以伊拉克有大规模杀伤性武器为由出兵伊拉克而备受批评。——译者注

乐部在各类比赛中拼个你死我活如出一辙。

政客们总是过度使用各种各样描绘赢的语言，仿佛这能与赢联系在一起，重复的次数越多，就越能给自己带来好运并赢得选举似的。美国前总统特朗普就喜欢这样做，人们对他以下的这段话一定不陌生：

> ……我们将重新收获胜利，我们将赢得更多，我们将会把社区、市、县、州和全国各级选举的选票收入囊中，我们将在经济领域取得佳绩，在军事方面取得辉煌战果，在医疗保险制度改革上获胜并为退役老兵提供福利保障，我们将在方方面面都夺冠……我们将始终保持胜利者的桂冠，我们将赢、赢、赢，没有最多，只有更多……

无独有偶，英国前首相鲍里斯·约翰逊也习惯于这样做。2016 年，为说服英国民众同意英国脱离欧盟，他动不动就强调英国将"赢得一场激动人心的战斗"。2020 年，为鼓励国民与新冠肺炎病毒抗争，他又将我们将"赢得胜利"挂在嘴边。几百年来，言必称胜利是政客们的惯用伎俩，无论涉及什么议题都是这一套。时过境迁，如今时代不同了，这些陈词滥调早已与这个复杂的世界格格不入了，但政客们还是老一套，也难怪听众越来越反感。可以肯定的是，这种情况不利于我们共同应对无法预测的非确定性挑战，而这些挑战又恰恰遍布于整个社会。所以说，像我们中的大多数人一样，政客们也需要调整和改进他们的方法，以适应时代的变化。

说到观看和描述争斗激烈的温布尔登网球公开赛、英超俱乐部之间激烈的德比大战，以及令人回肠荡气的美国队与欧洲诸国联队之间的莱德杯

（Ryder Cup）[①]高尔夫球对抗赛，体育迷们和新闻记者的喜好并无二致。高水平的竞技让人赏心悦目，有些赛事跌宕起伏、滋味特别，也吸引我成了追星族的一员。但是我们对自己所见所闻做出的解释，以及基于这些所见所闻而产生的看法，都参与了对竞技体育真正含义中一个重要部分的形构。难道这一切仅仅只关乎简单的谁胜谁负的问题吗？难道在我们所见所闻中就没有更多的东西值得深思吗？

世界各国的竞技体育场上的英雄都享受着神一般的地位，拥有惊人的影响力。然而，一俟其运动状态下降或遭受失败，面对的立刻就是被冷落甚至被唾弃。人生起伏不定，今日春风得意，明日就可能名誉扫地，二者必居其一。这显然遗漏了一些重要的东西，例如，在体育界的精英群体中，患有心理健康疾病的人数在持续增加。全美橄榄球联盟（the National Football League，NFL）[②]选手的自杀率正以惊人的速度上升。由于奥运会自身存在的管理不善问题和兴奋剂危机，公众对奥运会的热情在不断下降。这表明在竞技体育世界中，金子并不是总能发光。

今天，与"争当赢家"相关的词汇已经成为我们的日常用语，人们对其已经习以为常而不假思索了。这本身也无可厚非，但我们应该思考的是：这些用语对我们的追求并实现自己的目标究竟是积极因素还是消极因素？

下面，让我举几个这方面的例子。

---

① 莱德杯创设于 1927 年，为两年一次的高尔夫球团体对抗赛。1979 年以前在美英两国组队举行，此后由欧洲各国统一组队与美国对抗。赛事由美英轮流举办。——译者注
② 全美橄榄球联盟，1920 年成立于俄亥俄州坎顿，时称美国职业橄榄球协会，1922 年改为现名，由来自美国不同城市和地区的 32 支代表队组成。——译者注

每日获胜妙语　　　　　　　连胜　　　　　　　　赢家之喜

赢家之胜

有得就有失　　　　　　　　　　　　　　　　　　赢家通吃
　　　　　制胜之道　　　不惜一切代价争冠

战无不胜　　　　　　　　　　　　　　　　**当冠军的感觉真好**
　　　　赢得朋友　　　　无人不爱英雄！

赢家不弃与弃者不赢　　　　轻松获胜　　　你不能输光一切

　　　　　　　　无处容身的第二名　　　　　　胜利在望

悠悠万事，获胜为大　　　　　　　　　双赢局面
　　　　　　　后来者居上

不入虎穴焉得虎子

经营"赢"的整个产业一年到头生意兴隆，竞争无处不在，其范围远远超出竞技体育。最高奖学金、畅销书排行榜排名第一、全球顶级钢琴家、最佳商业模式、最佳绩效营销活动或最前沿的发明设计，等等，没有哪项不是竞争的结果。各种各样的颁奖庆典、英模表彰无休无止，可谓"你方唱罢我登场"。

但是，这类仪式、庆典究竟意味着什么呢？以选举为例，但凡参与选举，无论是选他人还是选自己，人人都必须花大量时间填写各种表格。接下来，组织者将一张接一张地审读这些表格，看其填写的内容是否完整，填写是否符合规定等，然后再根据候选人的得票多寡排出名次。这当中存在的问题是：在通常情况下，胜选的标准独断而狭隘，有时候竟是由那些曾经的胜选者制定的（尽管他们信誓旦旦地宣称，这些选举标准和程序是绝对独立、公正的）。如果某人仔细观察并细心琢磨这样的选举，就能发现其中的问题并得到某些启示，从而总能够为他本人在"赢得"某一项商业大奖中占得先机。当

事者需要做的事也只是争取成为这项活动的参与者或参与评审小组工作。但这类评审通常几乎没有传递出有意义的信息，也没能对那些武断的选举标准施加任何有深远人文关怀的影响，这些正是竞争者所缺乏的。

首先，让我们看看竞争最激烈的领域之一——世界高大建筑。对于谁能建造世界最高建筑物这个问题的争论已经持续了好多世纪。从历史上看，世界最高的人造建筑物曾是埃及吉萨大金字塔，它雄踞世界第一位逾3800年，直到1311年才被竣工的英格兰林肯大教堂（Lincoln Cathedral）①超越。在1884年位于美国首都的华盛顿纪念碑（Washington Monument）②落成之前，全球最高建筑物都是欧洲的基督教或天主教的一些大教堂。到了20世纪，摩天大楼在美国率先耸立，接着西亚、中国和东南亚诸国开始发力，吉隆坡的双子塔（Petronas Towers）刚刚问鼎世界新高，迪拜的哈利法塔（Burj Khalifa Tower）就后来居上。作为一家国际组织，高层建筑和都市居住空间委员会（Council for Tall Buildings and Urban Habitat）存在的唯一价值，竟然只是证明哪栋建筑的高度为世界之最。

随着各式各样的新建筑如雨后春笋般在世界各地涌现，通过接二连三地兴建一幢又一幢全球最高建筑来展示权力、统治力和综合实力的欲望亦愈加强烈。

在莫斯塔尔市（Mostar）③，穆斯林与克罗地亚族中的天主教徒曾为争夺权利浴血奋战，在这座因种族纷争被毁的城市中，建筑的高度就曾极富象征意

---

① 林肯大教堂，英国林肯郡主教区，曾被视为世界最高的教堂。——译者注

② 华盛顿纪念碑，位于美国首都华盛顿特区国会山与林肯纪念堂中间，是一座为纪念首任总统华盛顿而建的方尖碑，高169.3米，重约9万吨。——译者注

③ 莫斯塔尔古城位于波斯尼亚和黑塞哥维那共和国内雷塔瓦州（Herzegovina-Neretva）中部。——译者注

义地扮演过重要角色。时至今天，分别位于城中内雷塔瓦河（Neretva）[①]两岸醒目的穆斯林清真寺和天主教堂，仍然时刻在提醒当地居民，这就是彼此间的红线。20世纪90年代的那场战争结束后，天主教教区的教民决定重建自己的这座天主教堂的钟楼，其高度必须超过市区任何一座清真寺的宣礼塔，同时还在顶部安置了一副巨大的基督十字架，述说着仍在折磨他们的心灵之痛。

在现实中，不仅只是那些遭受战争蹂躏的城市和富可敌国的亿万富翁喜爱赶这类时尚，其实，就像"爱美之心人皆有之"一样，追求时髦之心人皆有之。当赢家亦如此。领导者总是被与赢有关的言辞牵着鼻子走，都热衷于将自己与获胜联系在一起，将此视为实现个人价值和财富增长的路径。然而，如何才能以实实在在、有意义或可持续的方式，将这些荣誉和褒奖以及为获得它们所付出的努力真正转化为我们更美好的家园呢？倘若时隔数年，当别人继你之后获得同样的奖项、建成更高的大厦，或将最新的奖牌收入囊中并在脖颈上挂满花环之后，我们又该如何看待那些昨日的辉煌，并思考那些斩获的奖牌又意味着什么呢？

到底怎样才算是"赢"

让我们先来探讨一下英语词"win"的起源。从词源学的角度看，它源自德语，最早可追溯到中世纪，并基于两个概念："gewinn"和"wunnia"[②]。根据《牛津英语辞典》（*Oxford English Dictionary*），这两个词的意思分别是：

---

① 内雷塔瓦河，发源于狄那里克阿尔卑斯山脉（Dinaric Alps），全长225千米，流经波黑共和国与克罗地亚共和国。——译者注

② "gewinn"和"wunnia"均是德语词，今天的德语词义为：盈利、利润、盈余和受益等。——译者注

"gewinn"指工作（work）、劳动（labour）、努力（strive）和竞争（contend）等，在最早的一些文献中，更多强调的是努力（effort）和艰苦的工作（hardwork）；而与"wunnia"最接近的词义是快乐（joy）、愉悦（pleasure）、高兴（delight）和极乐（bliss）等。

由此可见，赢（win）最初主要涉及的是"努力"和"愉悦"，而与"战胜""失败"或"打垮他人"等无关。赢更强调人自身的体验而不是物质上的得失，它不局限于时间长河中的某一刻，而是指一种持续的行动或存在的状态。

从最初的这些词义开始，赢很快就成为一种主流历史观，并在战场、战斗和战争等领域占据主导地位。没过太久，《牛津英语辞典》就将该词的词义解释为：一种行动，即占领（conquer）、压制（subdue）、战胜（对手）（overcome an adversary）、击败（defeat）、征服（vanquish）、打击（敌对者）（beatan opponent）的行动。

值得注意的是，与"赢"相关联的另一个词竞争（competition）这个来自拉丁语（competere）的词义也逐渐偏离了原意，由最初的协作（strive together）之义，渐渐演变成了今天对竞争的描述。比如，经受住对手的打击并消灭对手。而竞争者（competitors）的意思也从最早的"你的合作伙伴"，变成了现在的"你最强劲的对手"。

在过去的数百年中，赢或胜利一直是军事领域的日常用语，后来伴随着另一个军事术语战争（war）一词进入了市场、议会和体育竞技场。搏杀（combat）最初也是一个军事用语，但这个带有强烈血腥味的战场术语也被商业世界冠冕堂皇地借用了。它一进入商业领域，意思就清晰无误：你的敌人就是市场上你的竞争对手，胜利要求你以最低成本消灭他们。可见，商业活动直接创造了搏杀的另一种形式。在我们今天的生活中，搏杀已经无所不在了。

　　始于 18 世纪末期的欧洲工业革命极大地加快了社会变革的步伐，机器语言因此迅速涌入描述商业成功的词汇中，工人也变成了简单的数字。今天，人们谈论的是人力资源和资产，而在过去，工人的情感和感受都注入到了每一间作坊中。赢就是利润，就是物质财富，而一切过程与各种目标都直接聚焦成功，这种情况直到 20 世纪末期才出现变化。文化的影响力和重要性也才开始对那些作坊产生影响。然而，事实上，直到今天，所有工作岗位的重新人性化问题仍处于起步阶段，且任重而道远。

　　今天，非赢即输的二律背反思维仍主导着人们对赢的真正含义的理解：企业只专注于打败竞争对手并将其逐出市场；政客们仍竭尽全力摧毁反对派，即使在声称坚持民主原则和拥有负责任政府的国家，政客也希望自己的政治对手越弱越好；小学生们都为争当班级成绩排头兵而比拼，并将自己的同学视为竞争者而不是同窗好友。

　　在我们的一生中，赢究竟在多大程度上依赖于击败对手，是一个应该不断回头看并认真思考的重要问题。难道我们的确需要击败某些人才能获得成就感吗？我们的成功一定要以别人的失败为代价吗？在学校，当我们学业不错时，我们对自己的判断标准是建立在自身的积极表现之上呢，还是参照周围同学的相关表现？在这些方面，让我们看看下面几个例子。

1. 在一次满分为 10 分的考试中，假如考试结果出现两种情况：一是你得了 8 分，其他同学都是 7 分；二是其他同学得了 9 分，你的分数仍然是 8 分。那么，难道不是第一种结果让你感觉更好吗？

2. 在一次晋升中，你得到了这个机会，而你的同事均没有，或者他们也都得到提拔，是不是前一种情形让你感到更为成功呢？如果你的业务量正在增长，但你的一位竞争者的业务量增幅更大，你会从不那么正面、积极的角度去看待自己的增长吗？

3. 假设，你在竞技场上破了一项世界纪录，毫无疑问，这的确意义重大。然而，假如这项世界纪录是由与你同场竞技的选手打破的，并且成绩更好，而你只能屈居亚军，在这种情况下，难道这项世界纪录就与你毫不相干了吗？

事实上，上述假设的这项世界纪录与你同样密切相关。所以，在你与他人的交往中，我们能够在多大程度上将成功定义中的这种关联性置于重要地位，将对你如何看待他人并与其相处的方式产生极大的影响。具体地讲，你对这种关联性的认识，将决定你对他/她信任还是不信任，愿意与其分享你的最佳方案还是将它们作为秘密，支持他们还是拆他们的台，与他们合作还是大路朝天各走一边，鼓励他们还是唱衰他们，协助他们挖掘潜力还是让他们耗尽能量。我认为，如果不能够正确认识这些问题，从长远看，它们会误导我们对成功可能性的判断、偏离通向成功的道路，并最终使我们与成功失之交臂。

在表达赢的语言中，时间长河中的某一瞬间与观点都是关键元素。在中世纪，在关于赢的定义最初形成时，其核心词义是努力和愉悦，并没有明确的时间概念。此外，赢更多强调的是努力，而不是结果；注重体验、经历和过程，而不是最终实现目标的那一刻。然而，随着时间的推移，赢的含义开始发生变化并逐渐融入了瞬间的概念——有时是运动员第一个冲过终点线的那一瞬间，或者是每日股票交易涨跌被记录的那一刻，以及宣布获胜者或颁奖的那一瞬间。

目前，大多数重要体育赛事仍然以年度为举办周期，例如，欧洲足球联赛、环法自行车赛、六国橄榄球赛以及其他一些项目的世界锦标赛等。但长线思维则在备受关注的足球世界杯或奥运会中更加突出，这两项赛事都是每四年举办一届，即业界所说的"世界杯周期"和"奥运周期"，这就更需要长线思维和长远战略。目前针对一些重大赛事的举办周期，相关项目的发展规划却长达八年，跨度涵盖两届赛事，甚至更长。

而在商业领域，企业发展战略的制定与调整都参考季度业绩，而每一季度的经营情况又是年度计划修订的关键，同时，企业的发展战略的期限通常也就是 3 ～ 5 年，很少超出这个范围。

政府部门的做法也大同小异。鲜有政府部门会考虑下一次选举或换届之后的发展规划，一届政府制定的相关发展战略的期限最多也就是四五年，甚至更短。

事实上，无论是体育赛事，还是企业或政府，在制定发展战略时都不应该受赛事周期、季度业绩、换届选举等因素的限制，而应该着眼长远统筹谋划，这至关重要。因为，对任何一位选手来说，虽然决定其命运的分水岭往往是率先冲破终点线的一刹那，但他们的人生还在继续；企业的长远发展所产生的影响，不仅关系到雇员的福利和情感体验，还涉及相关社区和社会；政治人物的决策不但能改变人们生活的方方面面，有时还会影响到未来的几代人。

那么，我们定义成功的边界究竟在哪里呢？成功到底是属于个人的一种成就，还是可供社会共享的某种目标？这当中所谈到的社会，是仅仅局限于我们各自国家的疆界，还是扩大到整个人类社会？对这些问题的不同回答，直接影响着我们的思维方式和行为取向。21 世纪，人类所面对的挑战的独特性和复杂性均前所未有。这个不争的事实表明，我们所面临的挑战的核心是如何保护地球家园的问题，因此，我们在考虑如何致力于取得成功时，成功的时间跨度和范围也就变得尤为重要。鉴于此，我们需要对自己如何正确理解成功的内涵进行反思，然后重新定义成功，以便更好地服务于我们获得真正意义上的成功。

对"赢"的认知误区

在对赢的含义的主流认识中，存在各种各样的谬误。通过这几个例子，你也许能马上从中发现一些问题。首先，我们误将赢与力量、实力画等号，因此人们总认为胜者必然是强壮的，而败者必然是孱弱的。强壮总被视为男性的特征，这种观点虽然带有偏见，但的确与古往今来胜者大多非男性莫属的事实有关。尽管从 20 世纪开始，人类在男女平等方面取得了不小的进步，但时至今日，无论是竞技场上的胜者或政坛或商界的领导，男女之间仍然存在着巨大的不平等和人数占比的严重失衡。

赢还是一个性别含义浓烈的词。只要一提到赢，人们便自然而然地与具有英雄主义的阳刚之气、竞争行为和支配能力联系在一起。只要一谈到超级英雄，他们都始终难以不落入"把恶棍揍得满地找牙""拯救世界"这样的窠臼，人人都理所当然地认为超级英雄都是掌控局面、护佑众生的清一色男性，可谓"终极王者"。

对职场上"性别密码"的研究，体现在一些会议、招聘以及晋升程序中与性别有关的用语，而与这些行话有关的程序通常都是为力挺、维护一些强势男性领导者设计的，他们当中的绝大多数是白人。"获胜""竞争""信心"都成了更具强烈男性色彩的词汇。然而，为了在"当赢家"这场人生博弈游戏中实现自我价值，除了男性，许多女性同样在与自己的性别进行顽强抗争。她们学习并运用这些行话，并且在求胜的过程中加以发挥。因为她们知道，这是她们应对不同环境，最终取得成功的唯一途径。

说到底，这是一个"胜者为王"的世界，赢家都是些什么人呢？他们中的有些人手握等级森严的权力，有些人在某些领域占有支配性地位，有些人组成一个团体，有些人是你不愿意成为其对立面的人，有些时候这样的人就是霸凌者。

作家阿尔菲·科恩（Alfie Kohn）①是研究人类行为方面的专家，他引用的一项研究成果很有意义，是关于人人都应该具有竞争力的信念，竟然在自我实现方面一语成谶，它所说的是："竞争力强的人会（错误地）认为其他人能分享自己在提升竞争力方面的努力，而实际情况却是，凡是高调抱怨'这是一个人吃人的世界'的人，通常总是为吃掉别人而对自己的真实实力秘而不宣——该行为反过来又刺激他们变本加厉地加强自己的竞争力。"

在地方政府中，我曾经遇到过几位从事组织与统筹工作的负责人，他们坚持认为，只要在市政厅发表讲话、与民众交流都必须谈赢的问题，这是民众希望听的话题，因为他们的生活与政府的赢息息相关。可见，只要力量、成功的内涵与赢联系在一起，它们就会成为一剂强有力的"催欲药"。现实中，权力能够用于定义赢，一旦这么做了，就会把赢中所包含的挑战和疑问等因素排除在外。但是，只要有权者利用这样的赢为个人行为披上合法外衣，必将贻害大众。这样的赢既难以立足，又十分低劣。

在今天的现实生活中，人们随意就将各式各样的赢家与超级英雄或无所不能的领导人相提并论的做法，给公众造成了巨大的心理压力。伴随着这种现象，尤其是随意将获胜者与超人拥有的强大力量相挂钩，一些老掉牙、了无新意的说法，譬如"赢者从不放弃，放弃者永远难以成为胜者"等，竟然堂而皇之地被与坚忍不拔、持之以恒的精神混为一谈，其带来的恶果随处可见。例如，只要你在一些问题上选择放弃，就会被视为懦夫，甚至立刻被贴

---

① 美国作家，在普通教育、幼儿教育和心理学领域也有著述。——译者注

上"输家"的标签。这样一来，即使人人都知道尝试和冒失败之险是学习和创新的关键组成，但出于对出错和失败的心理恐惧，人们将变得患得患失、裹足不前。当然，令人感到慰藉的是现在充满勃勃生机的企业家精神，不但正在挑战这些对赢的传统思维定式，并且"有时你往后退得越快，进步也就越大"这一事实也在逐步被得到印证。

当赢意味着不惜一切代价坚持下去的时候，它同时也在强化经济学中关于"沉没成本"的偏颇。尽管我们明知这样做根本行不通，但依旧对那些正在走向失败的项目不肯放手，而之所以如此坚守仅仅是因为我们深信坚持不懈是取得胜利的一种行为。这样的执念也会造成个人极大的压力，也就是说，如果我们在某些方面达不到标准的话，马上就会觉得自己没有价值，甚至使自己心理健康受到伤害。

今天，无论在哪里，只要谈到那些与疾病或癌症进行抗争的患者时，人们就习惯性地将他们比喻为在战争中获胜的人物。但这一直令我不安，更何况事实已证明，这样的做法不但没有任何好处，反而有害。这类语言和比喻也许可用于激发人们对疾病未雨绸缪并保持警觉，只是目前研究人员在一项研究中并没有找到这种做法能取得预期效果的证据，而发现的却是，这种将与疾病抗争比作战争的隐喻，反而对人们一些健康的行为模式产生负面的影响。其中最大的危害是，这个隐喻的弦外之音仿佛在暗示：一旦某位患者不幸因癌症或其他疾病而失去生命，就好像说明他与疾病抗争的斗志不够坚定、搏斗不够顽强，才最终"失败"似的。这显然是有害的。

陷入对"赢"的衡量陷阱

赢的部分诱惑力始终在于它的可测量性。体育竞技中所设置的终点线给予了我们一种由我们自己创造的确定性；关于产量和生产能力的行业测量标准诞生于工业革命并被广泛采用，它误导领导者产生这样一种思维模式，即他们也能够运用类似的方法轻而易举地对所谓的成功予以评判。但是，在使赢的实际意义发生扭曲并逐步狭隘化的过程中，这套似是而非的测量标准一直扮演着关键角色，正如我们在后面各章中所见，其作用和影响在教育和商业领域尤为突出。测量的首要目标是为了稳坐头把交椅，而赢本身往往让这种测量标准显得极其义正词严、不容置喙。

人们已经将测量（评价）自身视为一个有效的过程，至于它能产生的实际结果如何则无须顾及。政府在这方面做得更多的是为了证明其行为的目的是强化追责和提高透明度，并不会在乎实际上最终证明了什么。这套人为标准体系仅仅凭借"一个测量（评价）程序"便获得了高附加值，大大提高了其身价！如果某件事情可以成为测量对象或纳入测量范围，那么它就会使人感到这种方法具有科学性，听起来也会令人肃然起敬。数据收集和信息计量成为进步的标志，创造出了成功的神话，而事实上任何进展都未能实现。实施这种标准体系的一个广为接受的前提条件是：（科学）数据比个人判断更为可靠，因而也更能唬住人。所以对这个前提，人们似乎认为是天经地义的，更没有人会提出任何质疑。

在整个西方社会，所有能够测量（评价）之物都会被测量（评价）：从我们的学校、商界、习惯到偏好以及诸如此类更多的东西。常态下，测量的主观意图是积极的、正面的，即为了提升效益和改进方法流程等，然而此时我们却需要考虑这套人为的标准体系会给我们的行为、心态以及如何定义成功所带来的不良影响。关于这一点，诺贝尔奖获得者、美国经济学家约瑟夫·斯蒂格利茨（Joseph Stiglitz）一针见血地警告："如果我们不能正确测量事情，就不会把事情做正确。"

什么样的标准体系就会催生什么样的行为——如果有人在某件事情上将对我们进行测量、评估，我们就需要对这件事高度重视。我曾遇到过这种情形，习修商学院课程的学生们问的第一个问题是"你们这里的评价标准是什么"，而不是下面这类的问题："我将学习什么？""我怎样才能在这门课程中学得最多？""怎样确定我成长过程中的机遇？"在《指标陷阱》(*The Tyranny of Metrics*) 一书中，杰瑞·穆勒（Jerry Muller）详细描述了指标体系是如何扭曲社会的方方面面——从警察执法、医疗保健、学术研究到商业活动。

非赢即输的二元对立黑洞

在 2004 年雅典奥运会赛艇决赛中，当我奋力冲击终点的那一刻，英国广播公司（BBC）体育评论员的解说词时至今日仍萦绕在我耳边（那位解说员的声调愈加高亢激昂，观点鲜明且不加掩饰）：

> 毫无疑问，罗马尼亚选手拼命向前冲，但体能几近耗尽……距终点还有 150 米，她们还在咬牙坚持。英国选手们的每一桨划得都很轻松，现在与白俄罗斯选手并驾齐驱了，说话间，英国队距离终点也仅剩 75 米了……
>
> 现在英国队已经处在第二位。让我们超过罗马尼亚人，为了这枚奥运金牌，再拼最后 10 桨。加油，英国！前进，全力以赴，冲击金牌。超过去，让我们超过去……终点到了，她们划完了全程，遗憾！只获得了银牌……

显然，媒体对赢的理念起到了推波助澜的作用，使得这种理念变得极其精妙、清晰且不容置疑。你要么是赢家，要么就是输家，我们眼中那些获得殊荣的体育明星、政治人物和商业领袖们的形象都被简单化和俗套地夸大了，而几乎完全忽视了作为每一个独立的人的内心世界的内涵、矛盾冲突以及错综复杂的特性等。他们都被轻易地归入几种单一的成功模式之中：绝地崛起的英雄、天生的领袖和人中豪杰。这样的故事传颂了千万遍，所以，如果我们是读者的话，开卷之前就能对这类内容猜个八九不离十。除了文字描述以外，同样还有人们十分熟悉的程式化画面，譬如，"奥运选手的面容"就是千人一面［想想 2012 年伦敦奥运赛场上的杰西卡·埃尼思 - 希尔（Jessica Ennis-Hill）[1] 或 2000 年悉尼奥运赛场上的凯希·弗里曼（Cathy Freeman）[2]］，对那些在选举中以绝对压倒性选票胜出的政治人物的描绘也早已公式化了。这导致的后果就是，对于这些人物内心的纠结、成功道路的细微差别，以及思维的复杂性等问题，我们本来是可以作一番独立思考的，但那些模式化的东西却先入为主，夺走了我们在这方面的思考能力。事实上，这些文字和画面定式不但影响了我们对这些胜利者的全面了解，同样成了他们认识并学习别人的羁绊。

今天的世界有太多二元对立，一个政治人物不为王即为寇，其政治主张亦非白即黑，多元性失去了空间。一旦你出现失误，就连承认自己的过失并从中吸取教训或了解不同意见的机会都没有了。怎样获胜的法则十分清楚，即妥协折中就是软弱，固执己见才是强大。于是，我们所见所闻尽是双方互为敌手，看谁更胜一筹。例如，气候变化的怀疑者与环境保护主义者对峙、左派与右派死磕、富人与穷人对立。这些矛盾冲突渐渐使我们变得麻木、冷

---

[1] 杰西卡·埃尼思 - 希尔，英国女子七项全能传奇人物，2012 年伦敦奥运会金牌和 2016 年里约奥运会银牌获得者，2017 年获 "英帝国勋章"。——译者注

[2] 凯希·弗里曼，澳大利亚短跑运动员，2000 年悉尼奥运会获女子 400 米金牌。——译者注

漠，而正是这些棘手的现实问题给我们生存发展带来长期、严重的后果。政治家们需要做出的综合性决策与大多数选民对其认知之间的鸿沟在不断扩大。因此，在传统意义上的对手或敌手之间谋求任何合作，甚至希望达成妥协都变得越来越困难。现在的情况是，在你做出的任何长远发展规划中，只要对短期绩效有一定影响就必然很难通过。人无远虑必有近忧，我愿意将从长计议称作"长期思维"，有人却将这种眼前可能带来的不利影响视为失。同时，令人遗憾的是，目前呈现在我们面前描述赢家和输家的文字通常都只有区区500个字符或140个字。

今天，具有巨大惯性的短线思维主导着平面媒体、广播电视、影视制作、博客和其他社交媒体，而日报、晚报、周报日薄西山，风光不再。网络新闻更新的速度令人难以置信，一秒前的推特信息转眼就忘得一干二净。一些研究结果显示，从长远角度看，报刊原有的竞争优势恰恰导致了它们质量的下降，其原因不言自明。20世纪80年代的一份科学研究报告发现，记者们为了让其所采写的故事能争夺读者的眼球，会产生一种强烈冲动去有意歪曲他们的采访报道内容。之后的一些研究也得出了相同的结论。然而，寻找捷径、借助假设以及过分简化的情况在如今的各大媒体中有增无减。新闻媒体报道与我们的实际生活体验与意义日益渐行渐远，而我们的生活更应该着眼长远，而非急功近利，应该更加多元化而非简单的非好即坏。

跳出输赢定式

如果你已经读到此处，也许你会更加留意无处不在的关于赢的各种语言、画面和隐喻，看看世界各地的报刊有关政治、商业和体育等领域的报道，晚宴桌上、国会大厦、股票交易所、董事会全体会议中，哪里没有它们的身影呢？！

这些反映成败之战的语言是如此"深入人心"，我们通常不假思索地照单全收。然而，这样的语言难道真的有助于当代社会的进步与发展吗？用这样的语言模式来描述并未处于战争状态的绝大多数人的生活妥当吗？现代企业的发展壮大必须在变幻无常、多元化和快速发展的世界中不断进行调整、创新与合作，而这样的语言符合这一趋势吗？赢能够帮助我们最大限度地开发自身潜能并探索可以共享的各种机会吗？对人生来说，难道只有获胜是唯一重要的事吗？

在接下来的几章里，我们要继续探讨这些关于赢的语言是如何影响着我们的思维方式，以及在今天这个高度多元化的世界中，它们又是如何将我们一步一步地引入这么一个由成败主导的二元对立世界，并阻碍着我们摆脱输赢定式去探索有意义人生的。

首先，我们需要再次对我们是如何痴迷于赢进行较为深入的思考，从而帮助我们摆脱生命的意义仅仅局限于"争当赢家、不当输家"这样一种单一的设定。其次，同样值得思考的是，赢也是人类大脑和身体的一种自然反应方式，难道我们能做到为了推卸自己的责任而简单地责怪科学和人的本能吗？

第2章

小心成王败寇的"胜利陷阱"

为了深化对人类思维及行为的认识，在开设领导力方面的课程时，我总会围绕上述内容推出一系列活动。这样做的目的是要帮助领导者们思考在自己的工作环境中，人们在更深层次上都在想些什么、做些什么。其中涉及的一项活动是以股票交易所为背景的实景模拟练习，各组必须做出决定，要么买进，要么卖出。买进或卖出的抉择过程折射出著名的"囚徒困境"的内涵。所谓的"囚徒困境"是行为心理学描述的一种状态，囚徒之间在支持与检举对方的抉择中摇摆不定，突显了他们在权衡自我利益与相互合作之间的纠结心态。

如果每一次大家都"买进"，这样各组都能赚到钱。如果一组"买进"而另一组"卖出"，结果便是，"卖出"的一组利用他组"买入"的机会将有更多的斩获，而"买入"者出现亏损；如果两组都采取"卖出"策略，则都会以亏损收场。在设定目标的时候，我们说得很清楚，就是着眼于盈利，既不必高于其他各组，也不至于让另一组爆仓。

每次模拟时我都有点紧张，他们很快就会意识到一个显而易见的结论，就是各组加强合作，每轮下单时全都"买入"股票。如果出现这种情形，练习就变得索然无味了（给我的计划留下一个缺口）。但我终究会看到这种情况，各组协调一致并选择"买进"，通过这种简单的方法达成预期效果。

通常情况是，有些人很早就意识到，要达成既定目标，各组就必须都"买进"才行。但总有人会提出质疑，要求自己那一组采用"卖出"策略，如此就能"瞒过另一组"（这是他们说的，我并没有这么说），从而赢得"胜利"。这就是他们所追求的胜利。但这样做会导致两种结果，要么本组相对于其他组斩获更多，要么其他组遭受惨重损失。其实，上述两种结果都与预期的目标不符——各组都有盈利。

有些人认为赢就是击败其他团队，这比为达成既定目标而赢得胜利所进行的任何选项都更重要。他们对获胜的设想一定是这样的：竞争对手表现得很差；为共同利益去努力不应成为赢的战略；胜利者只能有一家。

在每个团队内部，对这种看法持异议者认为，相互之间的通力合作能让各方获取更多利益。他们会去了解这项活动有什么大奖；为了搞清活动背后的真正意义，他们会问"我们到底要从中得到些什么"。乍一听，上述想法让人觉得这些人在讨论中处于弱势地位，而持前一种观点者则显得颇有力道并占据上风。

在进行练习时，每个团队都在观望，想了解其他团队作了哪种选择。这时，团队的代表们还能相互交流，这是建立信任的好机会，各组可以重新开展合作。然而在交流过程中，团队代表们的沟通方式对合作能否顺利进行意义重大。团队代表们是否会做出威胁或指控对方有背信弃义的举动，还是他们会在思考自己应该做些什么，以便向其他人施加影响，让合作开展下去。尽管有的团队能够意识到只有合作才能获得成功，但如果其他团队并没认识到这一点或不接受这种观点，那结果的确会令人沮丧。最常见的情况是，对成功认知的条件反射往往会令各团队对相互之间的合作继续采取回避态度。有的团队甚至会为自己虚构一个"获胜战略"，其结果势必与原先设定的目标——让所有团队都能获利并收获集体最佳利益，背道而驰。

向参与者说明情况总要花费不少时间，要实现下列目标更不啻于一项巨大挑战：让团队认识到自己（不管有意识还是无意识）的本能和行为；了解自己对本团队其他人以及其他团队的影响；思考这类行为的表现形式以及对真实工作环境所造成的影响；最终探讨如何建立起一种良好的工作环境，以便为合作创造有利的空间，而不让损己排他行为占据主导地位，并且这种工作环境会让人着眼于团队长期的共同目标，而不是只看狭隘的、利己的和短期的结果。这通常就是一种新思维形成的开始，对我们跳出获胜陷阱极有价值。我们心中的设想和信念对自己身处工作场所时的所思、所为发挥着关键作用，也决定着我们的获胜愿望是否会凌驾于与同事们的通力合作，而只有通力合作才能收获总体上的最佳成果。

同样地，进退维谷心态在我们的日常生活中也如影随形。我们经常会在自身利益、短期收益、长期收益以及集体利益之间进行权衡，并纠结其中，不能自拔。这种权衡与纠结在国际事务的处理中难以避免，从体育赛事中的兴奋剂问题到核军备竞赛以及全球气候变化问题等，不一而足。

很多情况下，人们会说："我们生来就是如此。""我们只能这样，别无他法。""争取胜利是我们与生俱来的本能。""竞争让我们变得最棒。""这是人类的本性。"但这些说辞从未让我心悦诚服。此外，有人经常利用上述说法为现状进行辩解。阿尔菲·科恩（Alfie Kohn）在其所著的《不要竞争》（*No Contest*）一书中指出，"我们以这种方式解读的那些特性总令人难以接受；我们很少基于'这只是人类本性'而指斥慷慨之举"。本章中，我想在事关赢的问题上深入探究到底哪些方面属于人类本性，哪些不是，并考虑从人类学、动物行为学、生物学以及心理学等不同视角加以论证。

求胜图存是人类进化与生俱来的本能

通过我们（自认为）对祖先或动物世界的了解，人类对自身的思想、行为都有哪些假设？我曾看过不少文献，作者们都本能地认为，人类需要成功并证明自己是最棒的或者是最强大的动物，原因在于，我们作为史前穴居人的后代生存并延续了下来。换句话说，这就是我们从动物王国的生存游戏中获得的启迪。

我们肯定都看过狮子捕食猎物、大鱼吃小鱼的图片。然而，如果做进一步观察，我们会发现这仅是大千世界中很小的一部分。实际上，我们可以找出许多生物之间相互依存的例子，只不过人们很少引用罢了。举个例子，犀牛鸟落在犀牛或斑马身上，啄食它们皮肤上的寄生虫，既解决了食物问题，又能为这些大型动物清理皮肤；狒狒与瞪羚合作，遇到紧急情况时会相互示警；黑猩猩在狩猎时能密切合作并共同分享战利品，等等。这个世界似乎就展现在我们面前，生命在血淋淋的杀戮中往复循环，但我们往往对动物王国中上演的各种友善举动熟视无睹，如亲情关爱、悲悯之心、抚慰、公平意识行为等。有些动物（如黑猩猩和海豚等）会通过某些特定行为平息冲突，弥合分歧。如果社会生活完全由支配和竞争所主导，上述行为不仅苍白无力，而且毫无意义。

美国古生物学家斯蒂芬·杰伊·古尔德（Stephen Jay Gould）[1]和乔治·盖洛德·辛普森（George Gaylord Simpson）[2]在文章中指出，自然选择与生存竞争二者之间其实并无必然联系，自然优势很少从生物之间的相互争斗中产生，"而更多来自与生态环境的融合、自然平衡的维护、对食物更有效的利用、对下一代的关怀、减少族群内部的不和谐……以及利用环境等非竞争或不被他人有效利用的因素"。

---

[1] 斯蒂芬·杰伊·古尔德，美国古生物学者、进化生物学家和科学史研究者。——译者注
[2] 乔治·盖洛德·辛普森（1902—1984），美国古生物学者。——译者注

自然界中，如果把子孙繁衍和存续视为成功的话，一时间，我们耳熟能详的"适者生存"等竞争策略甚嚣尘上，这些理念很契合人们所执着的"不惜一切代价去争取胜利"的竞争文化。然而，这个世界上同样还有许多合作策略，比如互利共生等。有趣的是，我们似乎曲解了达尔文关于"斗争求存"的真实含义，将其解读为胜利与失败之间一种非此即彼的博弈。实际上，达尔文自己曾解释过，他使用这一术语时的语境是"一种大而化之的比喻，包括相互之间的依存关系在内"。

在现实中，作为一名奥林匹克运动员，我也许并没完全秉持"生命的全部意义在于竞争"这一理念。在此期间，我有过惊奇与困惑。一位奥运冠军曾对我说过，在多年的运动员生涯中，作为训练环境对运动员的要求，她每天都在努力，力争做得最好，同时还身处一种充斥着利己主义的生活格调中，这一切让她自己有一种"在激烈的竞争中燃烧殆尽"的感觉。她已经从这种挣扎中解脱出来，无须再这样生活下去了。然而，事情却没有这么简单。虽然她认为自己已经步入了生活的新阶段，但其他人仍认为她还会一如既往，（毫无必要地）争强好胜，不惜一切代价去实现目标。

为什么这种观点会如此根深蒂固呢？很明显，从很小的时候我们就浸淫于竞争文化中，对身边的竞争早已司空见惯。通常，我们只沿着一条通往成功的路径前行，所接受的教育是以成果见证胜利，所谓的成果需要达到某种预设标准，而且还要有人进行评判。此外，我们还被灌输了"胜利荣光、失败可耻"的理念。社会学习理论（social learning theory）[1]告诉我们，任何学习都发生在特定的社会背景中，如果某种行为经常受到奖励，那该行为自然备

---

[1]　社会学习理论，系美国心理学家阿尔波特·班杜拉（Albert Bandura）提出的行为主义学派理论。近年来，随着互联网技术快速发展，社会化学习（social learning）又指通过社交媒体促进个人、团队和组织获取、共享知识、完善行为方式。——译者注

受推崇而不断发扬光大；反之，如果某种行为经常受到指斥，则很可能逐渐销声匿迹。在我们的社会中，普遍存在的现象是鼓励和奖赏竞争性理念和行为，而实际上它们仅是我们生活中的一部分。

对人类学家的许多发现我们不应该视而不见：把合作视为原始人类的界定标准而非他们的脑容量、工具的使用或侵略行为。人类之所以从动物王国脱颖而出，是因为我们具备群体合作能力，利用复杂语言进行交流的能力，以及通过叙事、意思表达进行沟通的能力。随着交流、思维手段的日新月异，人类拥有更多潜能去进一步强化相互之间的沟通与协作。人类在各种复杂的社会、经济和环境挑战面前都不可能独善其身，这是我们思想和认知上的一个进步。对动物行为学和人类学稍事回顾，我们就该提醒自己不要贸然做出"自然就是如此"的假设。

制 胜 意 志

有项实验是把两只雄性老鼠放在一起，看看到底哪一只能占上风。开赛前，科学家在其中一只老鼠的食物里投放了少量镇静药物。不出所料，那只没吃镇静药物的老鼠获胜了，而进一步的结果还要等下一轮比赛才能揭晓。这次争斗在获胜老鼠与另一只没吃镇静药的健壮雄鼠之间展开。一般而言，那只有过获胜经历的老鼠更有机会赢得胜利。

行为科学家们用这种老鼠实验佐证所谓的"赢者效应"。也就是说，在与较弱对手的比拼中有过获胜经历的动物在之后与强劲对手的较量中往往更有可能占上风。无独有偶，我们也很容易在人类身上看到这种现象。赢的经历能激发荷尔蒙分泌，从而对人的行为、决策、自尊和信心等方面产生影响。我们开始目睹"生物力量"惊艳登场，但这是一把双刃剑：短期利益会逐步转化为长期损失。赢得胜利的动物在应对更多或更强壮的对手时往往信心满满，心想自己仍能战胜对手。这时，因之前的胜利而收获的信心可能演化成一种危险因素。在商业、体育、教育和政治领域，我们不难找出这种思维方式的例子。

就获胜经历彰显其影响而言，这项老鼠实验只是其中一方面。对成功而言，并不存在单一的科学描述，它实际上是一项涉及不同知识领域的复杂的综合性工作。在人类思维、感知、行为及重新审视现有研究成果等方面，我们在神经科学、生物学和心理学领域继续推出新的科研成果，新的发现不断涌现。

到目前为止，我们还不能完全弄清男性和女性的荷尔蒙系统如何影响他（她）们在争取成功方面的能力和欲望。我们都听说过睾酮这种物质，人们常将其与支配、攻击和反社会行为联系在一起。就睾酮而言，男人拥有的数量多于女人，所以人们大多认为在男性中会涌现更多争强好胜的英雄和胜利者，同时，男人也更雄心勃勃，有更多赢的欲望。然而，在近几届奥运会上，女性前所未有地参与其中并取得佳绩，这些结果足以为我们提供充分证据，让我们至少可以掀开这条神秘面纱的一角。

睾酮虽然对行为造成影响，但也会反过来发挥作用。哈佛大学心理学家艾米·卡迪（Amy Cuddy）提出的 "权力姿态"（power poses）表明，上述行为可以提高男人或女人的睾酮水平，让人有一种强烈的力量和自信心，就连周边的人也能感同身受。这一论断的提出开启了旷日持久的有关先天特性与后天培养之争，同时也对一些人类自身所固有的主导性行为提出了挑战。因此，在如何主动塑造人类行为方面，我们也许比自己设想的情况有更多的选择。

如今，人们正从不同角度审视睾酮的作用。一直以来，我们把睾酮与支配、权力和成功联系在一起。然而，研究表明，睾酮也会抑制人的判断力和情商，在现代社会中，这些特质对成功团队的构建、有效领导作用的发挥及机构顺利地运转等越来越重要，人们对此已经形成了共识。我再次重申，有关对成功的解读对我们的行为取向至关重要。

正如我们从老鼠实验中看到的那样，赢得胜利有助于提升信心，同样，赢得一场比赛或者获得一项奖励能提高多巴胺（引发良好感觉的荷尔蒙）的分泌水平。于是，人们就想再次体验这种感觉。如此，赢得胜利就变得极具诱惑力，甚至让人成瘾，而我们通常不会把这些现象当成积极因素。运动员出身的人很容易参与赌博，这一点也不奇怪。原因在于，这些人已经适应了竞争环境并热衷于获得外部奖励，而这些则是赌徒共有的两个特征。

在企业界，竞争能力和获得奖励（如奖金和提拔）通常都是彰显成功的显著标志，能很快调动起领导们不断进取的积极性。相较于为了同一个目标而实现共同进步的宏伟画卷，人们往往把下一步升职视为成功的标志。从短期看，这种认识有其道理，但长期来看却不尽如人意，因为这种认识会给他人造成诸多损失。上述情况当然是获胜行为的一个灰暗面，这方面的例子有很多，比如劣迹斑斑的交易员尼克·里森（Nick Leeson）[①]和在美国进行投资诈骗的伯纳德·麦道夫等，其结果就是业绩不断下滑并逐渐形成恶性循环。

我们不应把沉溺于某项事物的行为当作一种积极的社会现象。如果我们沉溺于某事，则每次这种行为带来的快感就会逐渐降低。在我们当中，很少有人在生活中把对某些事物的痴迷与一个人的成功联系在一起。"力量"与胜利者紧密相连。相反，我们往往把痴迷行为归结为病态或软弱。如果进一步

---

① 尼克·里森是英国巴林银行（Barings Bank）前职员，主要做金融衍生品交易，其犯罪行为导致这家历史悠久的投资银行倒闭。——译者注

仔细观察就会发现，这实际上就是隐匿在我们所界定的成功背后的诸多悖论之一。

有些运动员从获胜那一刻起，空虚感便油然而生，总想着立即整装待发去争取下一次比赛的胜利。奥运乒乓球选手马修·赛义德在《天才假象：从刻意练习、心理策略到认知陷阱》（Bounce）一书中写道："面对长期以来梦寐以求的胜利，一种莫名的空虚飘然而至。"他认为，在超然于自己的胜利以迎接下一项挑战的过程中，这种情形自然就是其中的一部分。当然，从某种程度上说，身为运动员，他需要将自己的关注点转移到下一个目标，不断提高自己。然而，许多知名运动员和教练员身上表现出的极度空虚感不仅无助于成绩的提升，反而让他们徘徊于成绩下降的边缘。

在这方面，人们总把亚历克斯·弗格森爵士（Sir Alex Ferguson）[①]奉为楷模，并以他的事迹作为自己的依据。在率领曼彻斯特联队赢得三大赛事（英超、欧冠、英国足总杯）冠军之后，弗格森并没沉浸在胜利的喜悦中，而是立即决然地把注意力转向下个赛季。毫无疑问，这种做法能驱使球队为后续比赛去做准备，但同时也会带来一定的风险，这很容易让人陷入一种自毁状态，一段时间后，可能会引发球队成绩和状态下滑。英格兰著名橄榄球运动员、世界杯冠军队成员乔尼·威尔金森（Jonny Wilkinson）就是一个鲜活的例子。在他的整个运动生涯中，他不断挑战自我，争取越来越多的胜利，如入选国家队、获得头衔、斩获高分等。然而，回头来看，他也承认，这种做法对自己根本就没什么帮助。"再次获得六国橄榄球联赛冠军、继续入选国家队、获得头衔、斩获高分"这些想法时刻萦绕在威尔金森的脑海中。多年来，他

---

① 亚历克斯·弗格森爵士，苏格兰前足球经理和国脚，后任曼彻斯特联队俱乐部主教练，率队获胜超过 1000 场。——译者注

一直都在努力与这种沮丧的心态进行着抗争。他说道："我对自己说，'当然，这能让它远离你吗？'不会的，永远都不会。"

20世纪90年代，罗伯特·戈德曼（Robert Goldman）博士曾向运动员们提了个问题，问他们是否愿意服用一种药物以确保在体育赛事中取得压倒性胜利，但代价是他们会在五年后死去。这就是人们熟知的一项研究——戈德曼困境。结果是，竟约有一半的人表示他们愿意接受上述结果（近期的研究表明，这一比例虽略有下降，但整体情况基本未变）。面对同样的局面，我们会怎么做呢？这就是所谓的浮士德式契约（Faustian pact）①。在各种颇具挑逗意义的假设性问题中，正是这个话题让我们魂牵梦绕，不能自持。

为追求眼前的成果和"胜利体验"而服用兴奋剂，有些人置自己以后的身体状况和声誉于不顾。运动员服用兴奋剂的风险无疑是巨大的，这种做法实际上是认知上的一种扭曲。在有些人看来，获得胜利似乎意味着值得为此承担风险，并对此十分赞赏。然而，采用这类手法而收获的任何成绩往往都难以持久（如果被查获，一切便毁于一旦）。多数情况下，这种胜利都会与空虚感纠缠在一起，落得个乐极生悲的下场，风险越高，最后失败的结果也就越严重。

下面，让我们来审视一下人类自身固有的一些东西。很早以前，为了生存需要，人类逐渐在生理和心理上形成了着眼于短期行为的能力。比如，有一只老虎正向你走来，我们知道，这时人脑的"脑皮质区域就会发挥作用，确保自己能尽快做出本能反应。就像前面提到的那只老鼠的情形，当战胜对手的时候，情绪便高涨起来，我们信心满满地期待着下一场比赛。我们头脑

---

① 浮士德式契约，指为了获得权力、财富或其他利益而与魔鬼签订的协议，但最终会导致灾难性后果的交易。——译者注

中的这种冲动和兴奋感持续发酵，因此，避免这种状态对我们而言就是一项挑战。反之，我们可以进行选择，有意识地开发大脑中其他部分的功能，而这些功能决定了我们的行为和思维方式。我们可以运用大脑中负责理性思维的那一部分，着眼长远，把关注点放在更有意义的目标上。树立更有意义的长远目标，将是我们随后重新定义成功的一项关键内容。

求 胜 心 态

世间是否存在一种求胜心态？在学校、运动场及工作场所，人们常能听到有关树立求胜态度的引语，如著名篮球运动员迈克尔·乔丹（Michael Jordan）的名言："无论比赛还是练习，打球就是要取胜，我不允许任何事情妨碍我和我求胜的激情。"或者泰格·伍兹（Tiger Woods）的警句："获胜能解决所有问题。"虽然这种心态经不起仔细推敲，与真实的生活经历或心理学研究成果也不一致，但它仍在运动场、学校和工作场所中盛行。我认为，这种求胜心态已经不合时宜了。

知晓并理解如何培养我们的理念，无疑是一种挑战，这让我想起自己初当奥运选手时的情景。我当时花了许多心思，想弄明白怎样才能让自己处于最佳心理状态，想努力厘清头脑中的各种想法。对于头脑中哪些想法是事实，哪些只是臆想，我经常云里雾里，搞不清二者的区别。在奥运会这种氛围中，谈及谁拥有或不具备求胜心态，尤其在教练和领队谈论此事时，人们往往觉得这种心态并非后期养成的结果，而是与生俱来的。这让我十分纠结，不知自己是否具备这种心态。

当然，我不想输，失败给予人的感受并不好。失利的时候，身边那些权威人物（比如教练、技术指导）的反应让人感到冷冰冰的，他们好似希望队员们有所动作，表明自己厌恶这种结果，不想重蹈覆辙。很显然，每个人都要尽力避免失败的结果。理性告诉我失败不可避免，然而失败也会有助于我们提升自己，为后续成功提供借鉴。

在这种氛围中，尽管我们不断强化制胜意志并将其尊崇为赢者的终极性格特征，但我也开始认识到，制胜意志本身似乎并不能与把赛艇划得更快二者联结起来。只有把关注点放在执行过程上，那些能让赛艇更快行进的因素才能发挥作用。一段时间后，我的头脑中出现了一些微妙却十分关键的变化：我开始把精力放在如何更快行船的方法上，而非像以前那样老想着把船划得快点或鞭策自己划得快点。于是，我开始远离那种痴迷于获胜的思维模式，让自己进入一种新的精神境界；颇具讽刺意味的是，身处其中，我更有机会收获胜利成果。

这种认知还会促使我关注心理学方面的一些知识，比如动机、目标取向和能力等。我们有自我取向（egoorientation）吗？就是说，我们是否总想和别人进行比较，以确定自己做得是好还是不好？在一个关注排名和奖牌的世界里，这是个核心问题。或者与之相对应，我们是否有掌握心向（mastery orientation）[①]呢？即我们不太关注外在的胜者标记，而是与自己比较，力争每天都有所提高。

在这个世界，人们对排名、奖牌等荣誉趋之若鹜，所以运动员之间必须通力合作才能在业内生存和发展。若想实现辉煌并始终让自己的业绩处于最高水平，运动员需要调整观念，将其与掌握心向进行有机衔接。这是一种注重眼前历练，待到需要完成某一任务时，便充分释放自己的能力的方法。与此同时，这也是一种对待生活的态度。在后面的章节中，我们还将继续探讨

---

① 掌握心向是指学习者立足于学习和掌握所学课程完成学业的一种倾向。——译者注

长期思维问题，届时还要讨论这一核心原则。

我们天生厌恶失败：损失厌恶心理

若想理解求胜心理，就要对失败心理有所了解。心理学家的研究表明，若每天损失 20 英镑，比每天赢得 20 英镑更有利于自己总结经验。从道理上说，上述两种情况的影响应该是一样的，然而，人类的基本生存本能让我们在面对威胁或不利事件时往往做出更强烈的反应，这就是所谓的 "损失厌恶"（loss aversion）。[①]

有人认为，这就是为什么我们老想着去赢得胜利。如果我们置身于一种 "输 – 赢" 的窠臼中，对失败的恐惧感便会驱使我们去博取胜利。无独有偶，在这种恐惧感的驱使下，无论体育教练还是企业领导，均以如何博取胜利作为激励队员或下属的唯一方法。然而，就如同那些让人成瘾的行为，这种策略有其局限性，虽然有可能收获短期效果，但长期来看则乏善可陈。

对胜利的重要性强调得越多，人就会变得虚弱起来，从而招致更多败绩。创造性、构建协作关系以及成长、学习和借鉴等方面的能力往往对成功具有重要意义，而建立在恐惧基础之上的激励措施会阻碍上述能力发挥作用。长期来看，这种激励方式就是一剂让焦虑感上升的药方。压力让我们与理性渐行渐远，无法调适自己的情感，结果便是，我们有效地让自己变得 "不那么灵光"，以及在分析诸如眼前都发生了些什么事、下次该采取什么不同策略等方面的能力有所降低。为什么我们会陷入 "输 – 赢" 的窠臼之中，从而选择

①　损失厌恶是指宁可不要收益也不愿承受损失的心理倾向，由美国行为科学家阿莫斯·特沃斯基（Amos Tversky）和诺贝尔经济学奖获得者丹尼尔·卡尼曼（Daniel Kahneman）共同提出。——译者注

让自己变得不那么灵光，并让我们的学习与提高的能力受损呢？基于对失败的恐惧，人们推出了相应的激励性措施。对需要具备创意、协作以及解决问题等方面能力的工作或职业而言，对上述措施的依赖必然导致业绩下滑，而且从中也学不到什么东西。

失败作为一种负面经历，往往对人产生深远影响。有趣的是，我们自己却执着于"输–赢"叙事，这本身就会涉及众多失败者，而我们却选择去强化这种经历。如果认为胜利是首要目标，那么在绝大多数情况下，大多数人是失败者。有位奥运选手告诉我，如果你后退一步仔细观察，就能发现这就是奥运会的现实。上万名来自世界各地最优秀的选手们出现在奥运开幕式上，每个人都怀揣梦想、希望和激情。两周后，他们又返回来，参加闭幕式。这时，欢呼雀跃者仅有300多人，其他人成了失败者，绝大多数人籍籍无名，许多人满怀羞耻、愤懑，怀疑自己是否还是这块料。

心理学家弗兰克·瑞安（Frank Ryan）曾指出，通常情况下，那些最努力的、比较成功的竞争者们往往会面临失败的结局。面对可能的失败，他们痛苦和纠结，而这也成了困扰优胜者的标志。无形中，获胜的履历在不断强化这种不尽如人意的行为。回头来看，在备战奥运会时，我就发现，人们在刻意营造这种氛围并将其视为一种积极因素。为了夺冠，运动员不断挖掘潜能，在此过程中，如果你对失败抱着一种坦然、超脱的态度，往往会被视为怯懦的表现。所以，落败的时候，除了撕扯头发、表现出极度痛苦之外，你并不想让别人看见自己的其他举动。比赛失败的时候，我们当中的有些人并没显得足够沮丧，我也曾对这些人说三道四。事后，我认识到，这类情绪化行为无助于我们清晰地思考如何在下一次比赛中跑得更快、如何让自己的心态契合那种建立在恐惧基础上的"生存"认知。"重在结果"于我看来，挑战这种认知，你将备感艰难，投鼠忌器，担心被贴上另类的标签，进入那些无缘胜利者之列。

当代体育心理学家们指点迷津，要我们在面对失败时不应把关注点放在结果上，而是选择一种完全不同的应对态度——把着眼点放在总结经验和学习上。就这类学习而言，我们要在某种程度上具备全方位接受自己的思想、情感和感受的能力，所以我们要再平衡自己的思想认识，避免一说到失败就马上和自尊联系起来的思维定式。在后面的章节中，我们会看到，这种认知将是长期思维的重要组成部分。

非赢即输真的能达成你想要的谈判结果吗

无论商界还是全球贸易、气候或安全等领域，不难看出人们都会在自身利益和集体利益之间进行选择，各种博弈充斥其间，无孔不入。举例来说，气候变化的谈判过程与本章开始时讨论的囚徒困境如出一辙。谈判双方就是否违背承诺（或者选择不合作）做出选择，原因在于，如果选择合作，对方便会充分利用这一契机让自己受益。因此，选择合作的（经济）风险就太大了。合作无疑是实现集体利益的最佳选择，然而，一直以来，许多单一民族国家都不情愿在更深层次和更大范围开展合作，因为这样做会给自身带来损失。气候峰会最后演变成各有关国家聚在一起，相互博弈，确保给自身设定的目标不高于其他国家。我们的真实目标是群策群力，最大限度地保护我们居住的星球，在这一点上，各国的所作所为乏善可陈。在这方面，我们可以找出一些区域合作的例证，比如致力于 2030 年远景目标的北欧部长理事会。医疗和环保领域合作是部长们的重要议题，由于存在分歧，目前尚未形成规则。

鉴于存在诸多风险和不确定性，所以国际政治中各方如何界定成功并达成共识十分关键。在外交部工作的 12 年里，我曾作为外交官参与了一系列政治协商和谈判，比如欧盟难民指引（EU Directives on Asylum），旨在促进英国、西班牙与直布罗陀三方合作的磋商。长期以来，各种争端根深蒂固：自 1713 年乌德勒支协议（Treaty of Utrecht）[①]签订以来就存在的西班牙对直布罗陀的主权之争；20 世纪 90 年代波黑战争后各民族之间的敌对状态，等等，不一而足。你会发现自己无形中深陷零和思维的泥潭不能自拔。所以，要推动这些谈判难上加难。想要让一方认为谈判有所进展，那必然要建立在另一方做出让步、利益受损的基础之上。

作为外交官及谈判参与者，我们要做的始终是寻找机会，无论这种机会多么渺茫，努力去营造一种新的叙事方式，逐步让双方觉得自己有所收获。在这个过程中，最难的一点莫过于让自己接受对方也应该有所收获的观念。这的确是一项艰辛的工作，动辄花费数年时间。即便如此，这项工作在世界许多地区对于防止不稳定局势发展成为冲突局面，还是发挥了积极的作用。

2008 年至 2009 年，在英国驻伊拉克巴士拉领馆工作期间，我曾担任政治室主任。当地民兵及准军事组织往往利用夜色掩护在街头相互攻击。在此期间，我们的主要工作是说服当地政治领导人、民兵和准军事组织领导人，不应使用暴力实现自己的诉求，而应通过共同努力，创造一个和平与繁荣的新城市，而每个人都可以在其中发挥应有的作用。多年来，我们在这方面并未取得什么进展，各方冲突不断，拼死争斗，看谁是最后的赢家、谁占主导地

---

① 乌德勒支是荷兰最小的省份，1713 年法国和西班牙分别与英国、荷兰、普鲁士、葡萄牙和萨伏依在此签订一系列和约，旨在结束持续 13 年的西班牙王位争夺战。其中，英国承认菲利普的西班牙国王地位，作为交换，西班牙将直布罗陀割让给英国。但西班牙从未放弃收复直布罗陀的要求，第二次世界大战后加强了收复活动。2012 年以来，英西双方在围绕直布罗陀主权争端的矛盾有所激化。——译者注

位、谁是未来的"巴士拉之王"。2008 年，一种新的动能逐渐显现。面对无休止的内斗、伤亡持续增加等严重后果，人们开始认识到，这场争斗中谁也没得到自己想要的东西。展现在眼前的是，这座各党派梦寐以求要掌控的城市已经变成一片废墟，而争斗仍看不到尽头。改变现状的共识不断积累，这就相当于撕开了一道狭小缝隙，让我们得以开启一种全新叙事，找出一条通过强化合作推进形势向前发展的新思路。面对众多利益攸关方，我们需要重新定义"胜利"的内涵。这个过程纷繁复杂、扑朔迷离，但却蕴含了新的动能。于是我们开始向当地领袖、政治人物及民兵组织头目等了解他们的诉求及其缘由。经过了解，我们发现诉求中有些共同之处，都希望巴士拉再次伟大起来，重现昔日"中东威尼斯"的盛景。同样，这也是我们孜孜以求的目标。因战乱而日益破败的城市现实与宏伟目标之间的巨大反差扰动着人们的心扉，我们开始借此改变他们的想法。

国际社会敦促当地进行和平选举、施行民主政治，但一直以来，这种呼声并没得到正面回应。而此时，另一种更具吸引力的共同目标正浮出水面。各方都期待这座城市能续写并超越往日的繁荣盛景，并以此为基础勾勒未来愿景，每个人都可以在其中发挥自己的作用。交谈中，有些领导人提出在伊拉克南部打造一个"迪拜"的想法，并开始寻找一种共同语言，为"双赢"而非"零和"思维营造机遇。当然，任何事都不能一蹴而就，整个过程不会一片坦途，不时还会发生流血事件。面对这种饱受冲突影响的混乱局面，一旦有更多人认同某种繁荣前景，这种转化便会提升稳定局面。这种提升虽程度有限，但意义却很重大，与西方人强加的民主模式或者某"一伙人"摧毁其他势力后形成的主导局面南辕北辙。

外交经验告诉我，在思维模式、隐匿于政治之后的行为心理以及正在磋商的技术议题等方面，任何改变都有重要意义，同时也将面临各种挑战。你必须通过正在使用的语言识别出正在进行的游戏是什么，然后决定自己是否按游戏规则继续下去，或者改变自己的语言，调整标准，开启一种不同的机制。不论在体育、商业或生活领域，相对于我们对"游戏"的认知以及如何参与其中，我们都有更多的选择。

对成功学的理解为什么很重要

就生理和心理的某些方面而言，人类本身就是适应竞争的产物，尽管如此，我们仍能以不同方式做出反应。在机遇与挑战营造的环境中，人类对思维、行为和激励等其他相关方面高度重视并从中受益匪浅。我们的工作和居家环境充斥着对抗和威胁吗？这些因素激发了我们对当前压力的反应吗？或者，这种环境能否营造出一种崇尚相互支持、认同和安全感的深层次文化吗？在那里，虽然并非完全没有冲突，但人们能够通过建设性举措加以解决。

用竞争、自我利益来简单定义我们的行为并以此为基础收获最佳结果，这种结论乏善可陈。因此，我们需要接受再教育，在生活中重新找到平衡，从而对"胜利陷阱"有更深刻的认识，防范出现自我限制的思维方式。我们应努力尝试和建立长期合作关系，或者构建多样化的合作团队。科学并没阻止我们这样去做，相反，科学告诉我们，要营造不同的环境，我们身处其中都可以兴旺发达，并能构建成功的人际关系及强有力的团队。若要更深入地理解我们在文化层面关于成功的假设，就请回顾史书中大书特书的成功故事吧！

第3章

献给赢家的战利品：历史上的胜者光环

当角斗士手中挥舞着利剑、昂首阔步走进角斗场时，看台上的人群欢呼雀跃，发出震耳欲聋的欢呼声。决斗者拔剑出鞘，刺向对方，一时间兵器的撞击声当当作响，角斗异常激烈，观众也越来越激动，场内的气氛简直就要炸锅。他们都知道，眼前的比拼是勇气和剑术的较量，而且会一直持续下去。所有眼睛都紧紧盯住两个搏击者。两个人心里都很清楚：赢家只能有一个，失败者将要付出生命的代价。

奥运选手的选拔与上述情形如出一辙。赢者入选，而一旦输了，则无缘奥运会：得不到比赛服，不能参赛，拿不到奖牌。此时，他已经输了，而且永远成了一名"失败者"。

赛艇运动的排位赛是选拔奥运选手的重要方式，竞争异常残酷。为双人单桨赛艇进行选拔时，每两人一组（双人单桨赛艇的每个艇员只有一只桨，单靠自己不能划，否则赛艇就会原地打转）参加角逐。各种组合都得进行尝试；你要与队中的一名队员组成搭档，与队中的其他队员一决高下。你们振作精神，奋力划桨，竭尽全力把对手甩在后面。随后，你们返回栈桥，更换搭档。你将与之前要击败的对手共同努力，再次迎战自己的队友，其中也包括刚才的搭档在内。

各种异常情况随时都有可能发生：在各轮比赛中，你可能仅输了其中的一场，尽管如此，如果你在那次蹩脚的比赛中划得太慢，那你全部比赛成绩的累加时间会让你在排名中垫底。两位桨手组合在一起，他们可能划得最快，但分别与其他选手组合时，很可能成绩不尽如人意。在这种情况下，比赛成绩不能一目了然，对教练而言，这不啻于一场噩梦，对选手来说，他们的奥运之梦悬而未决，也不亚于一种折磨。现实就是如此，入选与否的决定往往就在这一天见分晓。

其他项目的选拔赛也如出一辙，甚至更为严苛。美国代表队会在仅有的一组测试赛中决定所有选手的奥运资格排名，不管那天你是否有伤病在身。

选手的成绩往往非常接近，差距并不大。我接触过一些出色的选手，因在奥运选拔赛中落选，总有一种挫败感如影随形，伴随终生。然而，这就是"游戏规则"，假如你不能坦然面对，那你根本就不是当胜利者的料。未入选的运动员的看法往往被人忽视，因为在别人眼里他们是失败者。而入选者也不能有丝毫懈怠，没人会愚笨到想让他人质疑自己成绩和获胜潜能的地步，这是运动员保住自己位置的一贯做法。但这对那些入选和落选运动员而言就没有代价吗？这样真的能帮助我们发挥最佳竞技水平吗？

时至今日，罗马帝国的剑术角斗士仍是人们心目中的英雄，经常出现在各种戏剧表演中，数百年后又堂而皇之地走进好莱坞大片。政客们如法炮制，纷纷采取同样的策略，把自己装扮成英勇无畏的救世主。在企业巨头们争夺市场赢家的鏖战中，诸多企业领导者也像身披战袍的角斗士一般，披挂上阵，大胆出击（有时甚至很粗野），拯救公司，挽狂澜于既倒。历史上有许多史诗般的企业大战，如20世纪前半叶福特汽车公司与通用汽车公司在汽车制造业中的竞争；20世纪80年代可口可乐与百事可乐之间的"可乐大战"；21世纪之初微软公司与苹果公司之间的对垒等，不一而足。

无论政治、哲学、体育还是企业领域，我们都能发现人类对胜利的关注和执着。再次审视这一历程，或许能为我们开辟一个新的视角，让我们反思自己当前对胜利的理解，思考这些胜利对我们的现在和未来是否有益。

典籍上从来都只有"胜者强健有力，败者软弱无能"

全世界的历史典籍通常都聚焦在以往的胜利者身上，这些人中绝大多数为军事将领和政治领袖。如果历史事件的叙事者由那些胜利者承担，我们便只能从他们的视角来观察世界。

在西方，胜利者多为男性，而且通常都是上了年纪的白人基督徒，历史从这些人的视角给我们字斟句酌地讲述了"他的故事"。正如卡罗琳·克里亚多·佩雷斯（Caroline Criado Perez）总结的那样："记载下来的大部分历史，都是一条巨大的数据鸿沟。"一个简单的共同主题充斥着这种片面的、以父权为中心的叙事：胜利者最强健有力，他们击败了软弱无能的对手。

我们很容易发现人们将力量与获胜联系起来的历史脉络，与之相伴的是这样一种叙事：支配与控制——耳熟能详的帝国主义语言。当今世界是一个二元世界，只有两种状态：支配者与被支配者，殖民者与被殖民者。胜者为王，败者为寇。

从史诗故事开始，如荷马（Homer）的《伊利亚特》（*Iliad*）和维吉尔（Virgil）的《爱涅阿斯纪》（*Aeneid*）等家喻户晓的经典文学作品承载着那些英雄们的往事。书中，这些英雄人物游走于城墙及麻包掩体之间，在包围与反包围的战场上酣畅厮杀，娓娓述说各自的统治者和胜利者的伟大，他们的事迹让一代又一代文人墨客流连忘返。这些主题通常与当时的政治密不可分——国王和皇帝们统治其他城邦和国家的渴望。战争和一个接一个获胜的战役成了政治和政府的主旋律，这些题材在文化和娱乐节目中被演绎得淋漓尽致。

长期以来，获胜一方的军队在其"获胜"的领土上为所欲为，俨然成了战争惯例。获胜的军队在被其征服的土地上掳掠他们想要的一切：财富、女人和财产都是合法的"战利品"。直至今天，类似原则仍有其市场。在某些情况下，获胜仍然能让"胜利者"和社会上最强势的人物感觉到，他们有为所欲为的特权——有权不受习惯做法的束缚，甚至可以法外行事。这便是胜利容易导致堕落的一般例证。历史上鲜有将这种人绳之以法的情况。近些年来，为审判犯下严重战争罪和暴行的一些国家领导人，国际社会在设立国际刑事审判法庭方面做出极大努力，比如卢旺达国际刑事法庭（ICT）[1]和前南斯拉夫国际刑事法庭[2]等。尽管如此，将这些强势违法者绳之以法，仍然困难重重，任重道远。

人们对百战百胜的英雄的情怀始于若干世纪以前。然而，尽管如今人们有条件从不同的角度审视历史、对历史有了更多的了解，但为何仍对这些英雄崇敬有加呢？

前几代人很少能接触其他观点，随着现代科技的发展，各类专家、学者层出不穷，新的思潮也日益壮大，这一切都为我们开辟了更为广阔的视角。人们可以审视过去发生的一切，听到以前闻所未闻的故事，重新校正过去的观点并重塑自己对未来的看法。然而，有关历史和政治的各种非传统观点看来尚未跻身主流行列。学校、企业和国家仍在继续关注诸如"科学界的女人们"或"黑人历史月"（Black History Month）[3]这类核心话题，我们不妨得出这样的结论：那些老套的、过分简单化的历史叙事仍在大行其道。

胜利者主宰着历史，那些重大政治和军事事件中的受益者仍身居高位，

---

[1] 此处指 1994 年 4 月发生在卢旺达的种族大屠杀。后来，国际刑事法院成立国际刑事法庭对主要组织者和参与者进行了审判。——译者注

[2] 国际刑事法庭对在 1999 年科索沃战争中负有反人类罪的人员进行了审判。——译者注

[3] 指美国每年二月举行的庆祝黑人历史的活动，由卡特·G.伍德森于 1926 年发起。——译者注

执掌权柄。他们一如既往，仍在描绘着未来在社会、政府以及政府之间等诸多层面上获得胜利的图景。而如有变革的要求，他们便会引领变革，始终确保自己继续成为胜利者，但对任何旨在变革社会的尝试都嗤之以鼻，这便是他们与生俱来的本质。《纽约时报》专栏作者、作家阿南德·吉里德哈拉达斯（Anand Giridharadas）揶揄道，这就是为什么有那么多人觉得"游戏被人操纵了，针对的就是像他们这样的人"；他呼吁应采取更多措施以加强共同的民主体系建设，因为这才是我们在平等条件下实施变革的最佳方式。

各种触手可及的通信方式迅猛发展，人们有机会倾听那些以前从未听到过的声音。当然，这也为"假新闻"提供了土壤，它有时也会让人留恋之前那些所谓可信的、业已深入人心的历史记述，觉得那样可能更为保险。然而，上述挑战不应妨碍我们发掘与过去有关的更丰富、更准确的观点。我们要秉持严肃认真的态度，不止于简单答案，而是要采取富于挑战、勇于提问的方式。

尽管争权夺利的较量充斥于历史典籍，许多哲学家及思想领袖们仍在苦苦追寻生命的意义，以求得对个人与社会更全面的理解。古希腊哲学家曾有一个著名拷问：所谓的成功、成就和幸福都是些什么？历史上，许多人通过打拼，坐拥备受人们珍视的军权和财富，但尽管如此，他们仍渴望进一步探索生活的真谛。

亚里士多德和斯多葛学派（Stoic）哲学家热衷于给"美德"下定义，并在谈及成功或"幸福"（无论是在物质或精神层面的体验，无论暂时还是永久）时，是否应该专注于个人或集体这一命题展开辩论。斯多葛学派哲学家反驳了身体和物质上的满足感会给人带来幸福的说法。在《尼可马亥伦理学》（Nicomachean Ethics）一书中，亚里士多德论述了人们在追求荣耀、金钱、荣誉、名声过程中可能犯的各种错误；同时，他认为这些东西永远不能满足人们的欲望，指出只有人类的兴旺（幸福）才能给我们带来成就感。斯多葛学派的学者认为幸福源于对幸福的追求，而非幸福本身，原因是我们不能决定结果。他们完全可以在很早以前奠定现代体育哲学的核心理念："把握好你能够控制的东西"，专注于自己的"比赛过程"而非你不能掌控的结果和成绩。如何重新给胜利下定义是我在此强调的一个重点，后面我们还要进一步探讨。

这些哲学家在他们所见的各种着眼于短期效果的社会准则中引入了一种长期主义的视角，通过引入"来世"或弥留之际的感悟，他们扩展了时间的概念，这些东西常见于许多宗教的精神感念之中。

在印度次大陆，佛教强调的是精神或非物质生活，将成功定义为专注于禅定。印度教也有与其异曲同工之处，强调通过冥想联通内心的"灵魂"，实现超凡脱俗的境界。在整个亚洲地区，受孔子影响的各种思想都十分注重美德，将其视为一种更社会化、更群体化的观念。中国文化的出类拔萃源自更广博的社会群体，而非对某个造物主的信仰。起源于古代非洲的人道（Ubuntu）哲学笃信一种彻底的社会人道观，聚焦一种将所有人性联系在一起的共同纽带。在应对过度劳累、紧张、非人性工作场所、社会不公等挑战的过程中，许多西方文化开始对上述思维方式表现出越来越浓厚的兴趣，但长期以来它们在这方面一直存在缺失。

而世界上的主要宗教，其教义大多摒弃对物质世界的追求。自从有了人类历史以来，如何定义人生的成功就是一道令人困扰的哲学难题。当我们发问胜利意味什么时，这道难题为我们提供了一个历史悠久的思想载体，让我们铭记于心。

奥林匹克的初心：胜利意味着什么

在我们追寻获胜历史的时候，古希腊奥林匹克运动会是必须提及的历史事件。运动会最初是为了纪念宙斯（Zeus）于公元前 776 年举办的，以后每年举办一次，一直延续到 4 世纪以后。希腊人认为，奥林匹克运动会源于宗教，运动竞技与拜神活动联系在一起。古奥林匹克运动会由一系列庆祝活动组成，包括体育、文学和宗教等活动。为歌颂和平与和睦，来自希腊各城邦的人们欢聚一堂，即便有战争，此时也会暂时放下手中的武器。

最初，古希腊奥林匹克运动会的比赛项目主要是跑步，随着时间的推移，比赛项目被不断扩展，陆续增加了摔跤、拳击、竞技、赛马、双轮战车竞速以及跳跃和投掷项目等。上述项目大多模仿军队作战中的一些技能，有些项目简直就是生与死的较量。博击中的运动员如要认输需竖起食指，有些人还未来得及做出表示就已经丢掉了性命。

胜利给选手带来巨大的声望，人们从奥林匹亚的圣树上采来橄榄叶，编织成花冠，戴在胜利者头上。只有冠军的名字被记录在案，第二名或第三名则什么都不是，连奖牌也没有。冠军可以为自己塑像以纪念胜利，经常还会请人为他们创作赞歌；此外，他们还能获得诸多特权，如终生免费享受膳食、住宿或剧院门票。奥林匹克运动会的冠军成了广受欢迎的英雄，身后拥有大量狂热的仰慕者。胜利者崇高的社会地位同时也反映出当时在政治和军事方面占支配地位的各种叙事。

20 世纪来临之际，奥林匹克运动在皮埃尔·德·顾拜旦（Pierre de Coubertin）男爵的倡导下得以复兴，并在其中融入了他对运动和教育哲学的理念。顾拜旦尤为推崇古代与奥林匹克运动会相关的休战惯例，这种做法使希腊城邦之间得以达成临时停战协议。他坚信，奥林匹克运动在现代也一样能促进和平、增进各文化间的理解。

1992 年，奥运会期间休战（Olympic Truce）由国际奥委会依据古希腊传统予以重新恢复，并于 1993 年以联合国决议的形式进一步强化。几年后，为弘扬这些和平原则，奥林匹克休战基金会（Olympic Truce Foundation）成立，目的是鼓励每个主办城市将休战精神和原则纳入举办奥运会的理念之中。自那时起，奥运会曾出现过几次历史性时刻，如韩国和朝鲜代表队共同组队出现在 2006 年都灵冬奥会和 2008 年北京奥运会的开幕式上，一些主办城市也曾做出各种尝试，让年轻人理解、支持休战原则。尽管如此，基金会仍将继续致力于让休战精神和原则对世界政治产生更大、更长久的影响。

环顾四周，顾拜旦目睹了法国因普法战争失败所遭遇的不堪回首的社会后果，这无形中对他的认知产生了巨大影响。他把奥运会视为一种增智健身的军事训练，而竞技运动则可以成为"自我提升"和社会变革的源泉。

一次，在访问拉格比小镇以及另外几所英国公立学校时，顾拜旦目睹了体育运动在教育中的作用：提升社交和道德潜能、培养那些竞技高超的年轻人。尽管在形式上仍充斥着体能博弈的成分，但他还是吸收了诸多道德和伦理方面的价值理念。他强调的是如何才会输或赢的重要性，而非简单地关注结果，这与古希腊奥林匹克运动的信条相去甚远。他的这种观点在他的一句名言——"最重要的不是获胜，而是参与"中体现得淋漓尽致，人们对此至今仍记忆犹新。这段话最初来自他在 1908 年伦敦奥运会期间的一次演讲。后来，在 1932 年洛杉矶奥运会的开幕式上，这句话成了官方声明的一部分，张贴在体育场馆的记分牌上。同时，这句名言还构成了当今奥林匹克纲领的核心："生命中最重要的不是胜利，而是拼搏；最根本的不是获胜，而是更好地去拼搏。"

如今，"重要的不是获胜，而是参与"这句名言已经成了习语，常用于两个截然不同的场景。

首先，一个异乎寻常的慷慨善举成了比输赢更重要的新闻素材（例如在某些情况下，一位选手在比赛中帮助另一位摔倒的选手，即使这么做会影响自己的成绩），这时人类追求的更高的价值——尊重和友谊——超越了对获胜的追求，彰显了奥林匹克运动会更高的原则。奥运会历史上曾有一些最神圣的时刻，它们无关胜负，如在 2016 年里约奥运会男子 5000 米比赛中，灾难性碰撞发生后，美国选手阿比·达戈斯蒂诺（Abbey D'Agostino）停下脚步，帮助新西兰选手尼基·汉布林（Nikki Hamblin）冲过终点线。

更多情况下，有人常用这句话嘲笑失败者，对那些没能站上冠军领奖台的人虚情假意地表示同情。这种做法与其原意背道而驰，反而强化了原来那些占统治地位的看法，即只有获胜者才重要，任何持不同观点的人都是失败者。

顾拜旦致力于将奥林匹克原则作为一种哲学和指导原则，将其庄严地载入奥林匹克宪章。今天，每一位奥运选手都会得到一枚参赛者奖牌（尽管在媒体照片中很少看到将该奖牌高高举起的场景）。此外，奥运会还有一枚特制的皮埃尔·德·顾拜旦奖牌。

自 1964 年开始，国际奥委会为在奥运会中展现体育精神或对奥林匹克运动会做出杰出贡献的运动员颁发这种特别奖项。从地位上看，国际奥委会将该奖项视为奥林匹克运动会的最高奖；然而大多数人从未听说过此奖，它也几乎从未见诸报纸头条。

《奥林匹克宪章》确立了三项奥林匹克价值观：卓越、友谊、尊重，旨在强化奥林匹克价值，强调比赛而非成绩的重要性。以这些价值为基础的残奥会价值观有四项内容：毅力、激励、勇气、平等。这些都是强有力的价值宣示，然而它们在体育界、一般民众或社会精英阶层中真的就那么深入人心了吗？或者在我们听到的体育评论或看到的体育报道中得到认可了吗？假如逐一询问奥运会和残奥会选手，我怀疑有多少人能说出这些价值是什么，也怀疑他们是否有意识地围绕这些价值制订自己的训练和比赛计划。在我的整个运动生涯中，好像没人跟我提及这些价值（实际上，教练们特别叮嘱我的是，不要给对手太多尊重。他们担心，假如我过分尊重对手，我在比赛中就有可能不那么拼搏了）。

一般而言，相对于奥林匹克价值观，"更快、更高、更强"[①]这句奥林匹克格言更为耳熟能详，也许它是一句更具英雄主义色彩的体育箴言。这句箴言早在 1894 年国际奥委会成立时就已提出，顾拜旦认为这三个词宣示了一种"品行之美"。纵观体育界的诸多领域，我们似乎与这种美德渐行渐远。毋庸置疑，冲破阻碍体育运动的藩篱的确是件鼓舞人心的事，我们从中得以体验、观察或探索人类极限的惊艳感受。但这样做会让我们误入歧途，不惜任何代价去拼死争先，要战胜身边的所有选手以证明自己的价值。这与自我激励或提升生命价值的初衷相去甚远。不知从什么时候起，我们开始痴迷于做最佳的自我，这种执着让我们无论付出什么代价都要争得第一。这种转变成为定义并追求成功的关键因素，商贸、教育、政治圈也概莫能外。

武术是一个颇具浓厚伦理和价值传统的项目，至今已有几千年的历史，可以追溯到古代埃及、希腊、中国和印度。虽然有明确的搏击技巧，但它也同样强调情感与精神上的感受。无论训练或比赛水平如何，也不管是初出茅庐的新手还是德高望重的老将，最重要的是他们的基本哲学理念。反观奥林匹克运动，相关的价值观和哲学理念支离破碎、前后不一，其重要性很少被置于成绩之上。

---

① 国际奥委会决议，增加"更团结"（together）作为体现奥运价值观的口号，并在 2021 年东京夏季奥运会上正式使用。——译者注

为适应未来观众，国际奥委会已经认识到对奥林匹克运动进行重大改革的必要性。为此，奥委会在青年、信任和可持续这三大支柱基础上通过了《奥林匹克议程 2020》（*Olympic Agenda 2020*）。重拾自己的基本哲学理念，这或许是奥林匹克运动重塑自我的正确道路。

许多体育运动已经开始觉醒，认识到有必要营造一种具备强大的指导原则和价值观的适宜环境，其中包括让运动员全面发展、平衡其身心等各方面的需要等。在对抗性极强的体育领域，时刻会面对保持运动员竞技状态、留住优秀运动员以及应对精神健康问题等挑战，这一切都要求组委会不断改进相关措施。其中，对教练的教育培养是至关重要的一环。教练是否还在沿用过去的方法，或者是否为他们提供空间并让他们接触新的理念？有些教练员和体育界领导将此视为一种选择：要么将注意力放在竞技水平的发挥上，要么聚焦如何在赛场上获胜。有人说，他们正尝试将二者弥合。这说明他们显然误读了这种策略的整体性，因为该策略本身也包含比赛成绩这项内容。运动员的身心健康要么永远是最重要的，要么根本无从谈起。这就要求我们树立一种信念，即身心健康不仅比成绩更重要，而且对最终成绩发挥着举足轻重的作用。在此，信任也是必要的。从长期来看，这是收获完美成绩的最佳方式，有利于运动员树立责任意识，支撑他们在赛场内外都取得最佳成绩。要实现这一目的，你就得鼓起勇气，对那些无处不在、没完没了地唠叨"成绩、成绩、成绩……"的叙事大胆说不。

面对媒体越来越多的喧嚣，运动员和参赛团队不得不承载着吸引更年轻及更多样化观众的期盼，他们每时每刻都在承受着压力，不断挑战更高成绩。这些人根本无暇顾及上述这些基本的哲学理念、目的和经验。正因为如此，我们就得利用头几次见面时机开始探索这些问题。

"美国梦"在财富追逐中凋零

如果体育界再现一片争斗的景象，企业的创立和成长则把这种追求卓越的竞争推至一个新的高度。自有记录以来，经营企业和从事贸易活动就是人类历史的一个组成部分。那么，企业史主要都记录了些什么呢？毫无疑问是有关胜利者的故事——建立庞大贸易帝国并创造巨额财富的各类英雄。

17世纪初，随着政府支持的企业（如英国东印度公司和荷兰东印度公司）[1]的商品在全球流动，它们开始构建全球性贸易帝国，并在世界各地新型股票交易所发行股票和债券。

18世纪末，工业革命在欧洲和美国逐步深入，经济增长方式也随之发生了重大变化。工业革命前的几个世纪中，农业经济并没发生多少变化，但工业革命使农业产出逐年增长，种植品种也多种多样。于是，成长就成了企业的主要目标，从那以后，成长贯穿于企业发展史，并一直是定义成功的支配性因素。时至今日，大多数企业的目标、经营战略及其经济活动都与成长和利润息息相关。关于这一点，我们将在第7章作进一步探讨。现在，虽然人类早已进入21世纪，但对于企业存续的唯一目的就是利润最大化这一观念，没人提出质疑。

工业革命助推了教育的普及，使社会平等进一步强化，整个社会也随之发生了巨大变化。与之相适应的是，人们开始从不同视角思考生命的意义。自由市场经济理论的基础来自苏格兰哲学家、经济学家亚当·斯密的有关研究及其鸿篇巨著《国富论》，经济学家们就这种理论和"资本主义规则"展开了激烈争论。政治家们审时度势，充分利用这些思想进一步推动初现端倪的

---

[1] 英国东印度公司成立于1600年，荷兰东印度公司成立于1602年。——译者注

繁荣景象。

科学管理，即以其创立者弗雷德里克·温斯洛·泰勒（Frederick Winslow Taylor）[①]的名字命名的"泰勒制"（Taylorism）。这项制度始于 19 世纪，以下列原则为基础：经理的职责在于提高某个生产体系的效率。事后证明，该制度经久不衰并支撑着我们今天目睹的各种丧失人性的工作场所，在那里，企业想尽办法让员工为满足企业的各种不同需要而努力工作。

时间到了 20 世纪，美国这个"自由国度"即将见证"美国梦"的诞生。"美国梦"这一说法初次见之于詹姆斯·特拉斯洛·亚当斯（James Truslow Adams）的畅销小说《美国史诗》（*Epic of America*）。这种提法的产生建立在一系列因素之上：拥抱各种可能性的社会特质、到处充满希望以及"每个人的生活都应该更美好、更富足、更充实"的信念。进一步探究，我们发现其起源可以进一步追溯到《独立宣言》中所宣示的理念，即"人生而平等，造物主赋予人们确定的不可剥夺的权利，其中包括生命权、自由权和追求幸福的权利"。亚当斯后来在小说中清楚地写道，"不仅仅是汽车和高薪梦"，还有生活中的胜利，人们越来越将其与物质上的成功画上等号。对此，我们可以在弗朗西斯·斯科特·菲茨杰拉德（F. Scott Fitzgerald）的小说《了不起的盖茨比》（*The Great Gatsby*）中领略其生动的描述。

尽管"美国梦"在 21 世纪变得越发渺茫，但有关的描述文字及其背后的哲学内涵仍是贯穿美国人心灵的强大主线。21 世纪初，过去几代人的热望在无奈中沦落成镜中花、水中月。全球化浪潮让许多人与自己美好生活的希望和梦想渐行渐远。尽管历任美国总统一再向美国人民承诺更美好的生活，然

[①] 弗雷德里克·温斯洛·泰勒（1856—1915）生于美国费城，是科学管理理论的主要创始人，被誉为"科学管理之父"。——译者注

而现实却是，社会束缚、严重的不平等以及种族和阶层歧视充斥着整个社会，许多美国人从其孜孜以求的生活上败落下来。人们越发认识到，不可能每个人都会成为美国梦中承诺的那类赢家。尽管这种极端情形出现在美国，但纵观世界各地，其他发达国家也并不能独善其身。

20世纪战争贩子的丑恶嘴脸

20世纪，西方国家快速发展的工商业与其政治和军事诉求沆瀣一气，它们到处发动战争，把侵略和蹂躏推向一个前所未有的新高度。无独有偶，各种和平条约仍然建立在非赢即输的基础上，这意味着下一场战争绝非遥不可及。

1918年，在蹂躏世界的第一次世界大战的烽烟刚刚熄灭之际，英国首相大卫·劳合·乔治（David Lloyd George）、法国总理乔治·克里孟梭（Georges Clemenceau）和美国总统托马斯·伍德罗·威尔逊（Thomas Woodrow Wilson）就在法国的凡尔赛宫聚首，共同商讨和平条约的缔约问题。当时，各战胜国情绪激昂，纷纷要求让德国付出代价，一时间该口号在英国甚嚣尘上。《凡尔赛和约》是胜利者强加的，并非谈判的产物，这直接为第二次世界大战和中东地区持续不断的纷争埋下了隐患。短期看，从某种意义上说，这也许是许多获胜战争中的一次，算是赢了。但从长远角度看，观察一下紧随其后的可怕政治事件，对任何一个国家来说，我们恐怕很难将这种时刻描绘成胜利或成功。

第一次世界大战后，国际社会开始采取措施构建新的合作机制，第一项成果便是国际联盟的建立，而第二次世界大战后的合作机制则是通过联合国进行的。在现有框架内促进国际合作不啻为一项大胆举措，之前没有类似机制可以相比，合作起来顺利多了。当然，上述国际组织均由"胜利者"本着良好愿望建立起来的，而且由多数大国（几十年后，联合国安理会的五大常任理事国一直未变，分别是美国、英国、俄罗斯、中国、法国）主导。但长期以来，上述机构一直饱受零和思维与权力斗争的困扰。无论保护地球还是抗击威胁全球公共健康的流行疾病，21 世纪面临的许多重大挑战注定是全球性的，然而这些国际机构却难以充分发挥自己应有的作用。

正如工业化极大改变了第一次世界大战中的作战方式，随着技术的进一步发展，到 20 世纪行将结束之际，人类面临的威胁和冲突也在发展变化，往往令常规军队难以应对。如今，定义战争的胜利比以往任何时候都更困难。据报道，20 世纪 90 年代和 21 世纪前 10 年，在阿富汗和伊拉克战争期间，美军在许多场战役中取得了胜利。然而，不管政治家们宣布了多少场胜利，实际情况却总是让这些声明化作别人的笑柄。美国及其盟国总是过高地估计自己的军事能力，认为他们能在任何冲突中取得最终胜利。要想在冲突中获胜，需要更加多样化以及适应性更强的手段，然而，许多政治家仍然沉溺于轻松战胜"敌人"的空谈不能自拔。

英雄人物拥有强大的感召力，其事迹深植在人们的心田并常在实际的政治建构中得到强化。在英国政府旗下的英国议会大厅中，议员们相对而坐，之间保持两把剑的距离，中间矗立着一柄带尖的金属权杖。议员们自行选择坐在哪一边。若从一边改换到另一边，则被视为是一种最卑劣的背叛、出卖、软弱行为。在这个世界上，无论发生什么情况，即使与自己的价值观和信仰相悖，忠于自己所在的政党都是"坚强"、胜利的举动。

在议会中，每周例行的首相质询会众所周知，不过充斥其间的都是围绕着公文箱的争斗。每个周三的中午时分，英国议会下议院反对党领袖和全体议员，可以就各种问题直接要求首相做出解释。开会期间，欢呼、喝彩、嘘声不断，有的人大喊大叫，指指点点。政治记者和分析家们就首相和反对党领袖之间"谁赢了"做出评判。他们甚至采用 10 分制给每位领导人打分，打分时更看重的是口才及所展现的相对力道，对实质性问题却不太关注。

英国的政治体制让电视发挥了重要作用：因为这是一场现代剑术比赛。一般媒体在对胜利者和失败者进行报道时，人们很难看出这种争论能帮助政府"为了国家利益"（借用回荡在辩论大厅中的一句惯用语）找到向前发展的最佳路径，或者应对 21 世纪错综复杂的全球性挑战的良方。

这种战斗性语言和思维正好适合民族主义的叙事方式，其不同版本充斥了整个世界。许多国家不惜以邻为壑，不顾一切地争取政治和经济上的胜利。这种根本性的叙事方式削弱了构建有效的跨境的、超国家联合的能力。上述这类报道对本已激烈异常的脱欧辩论推波助澜，从中我们可略见一斑。英国尚未脱欧之前，获胜和征服性语言贯穿始终。不管来自哪个党的首相，当他（她）参加完欧盟峰会或重要谈判归国时，手中挥舞着大肆渲染英国在谈判中如何"力压"欧盟其他国家壮举的文稿。许多英国民众仍继续将他们的欧洲邻国视为敌人而非过去 70 多年中最大的贸易伙伴及平等相处的盟友。有鉴于此，这种现象也就不足为奇了。脱欧辩论进入决定性时刻，政治家们调高了自己夸张的调门，号召英国人站起来，反对本国那些和平贸易伙伴，他们要让英国民众相信，脱欧后，他们的生活会变得更好。

英美两国因两党执政而闻名于世。然而有趣的是，长期以来人们往往认为联合政府脆弱不堪、乏善可陈。当今世界，所谓力量并不在于寻求共识以期共同找出前进方向；相反，力量往往表现在快速、简洁的决策过程。因此，从这个意义上说，联合政府通常表现为优柔寡断、决策效力低下。于是，孱弱的意大利联合政府很快就被人拿来作为存在种种缺陷的例证。与之相反，第二次世界大战结束后，高效的德国联合政府一直是德国政治生活中的常态。毫无疑问，英国人对联合政府或跨党派合作仍讳莫如深，抱有偏见，这种态度无疑制约了人们汇集各党派最佳智慧以解决 21 世纪艰巨、复杂问题的可能性。

在全球性的长期挑战面前，比如气候变化、全球疫情大流行以及贸易活动等，人类必须探索不同的解决方案，这一点十分重要。企业无形中发现自己身陷于国内政治与国际贸易、跨国经济活动等现实之间的夹缝中；与此同时，它们还得像政府那样，不得不面对诸多跨越国界的议题，比如气候变化、移民等。

当今世界，面对国际化浪潮的不仅仅限于企业界，跨越国界的犯罪、战争和恐怖活动以及移民、健康和公平等一系列社会问题，都需要我们以超越地理边界的视角加以审视。气候变化和环境退化的影响是 21 世纪最大的挑战。尽管如此，有些国家的政府仍乐此不疲——每天忙于争斗，争取"获胜"。

历史遗留的哲学难题：如何定义人生的成功

对历史事件的思考在很大程度上影响我们对胜利意义的认知，而这种认知会潜移默化地进入我们的内心深处。如果不能深入认识前人的思想，我们便不能有所发展，形成适应新时代的观点。回望历史，我们不难发现胜利者们在叙事时的狭隘之处。即便这些陈词滥调仍在大行其道，我们也能看出，随着时间的推移，生活、企业和战争都已经发生了极大的变化。人类政治和文化制度在形成中所依赖的环境与它们今天所处的世界越来越不相匹配。没有哪个国家可以在气候变化面前独善其身，也没有哪个国家可以仅凭一己之力击败恐怖主义或全球性大流行病。

正如千百年来许多哲学家主张的那样，没有人可以战胜生命。在第二部分中，我们将阐述这一根深蒂固的获胜文化现象是如何穿越生命历程，并以不同方式阻碍我们充分发挥自己的潜能的。

第二部分

痴迷"当赢家"可能引火上身

不惜代价地追求赢，必将付出代价：相伴而生的敌意、傲慢、自私以及谦恭和宽容的缺失。

——摘自《萨尔茨评论》(*Salz Review*)：
巴克莱银行商业实务的独立评审，2013 年

第4章

当生活遭遇求胜心

我至今仍记得那种弥漫在空气中的紧张气氛。在经历了数小时紧张，时而是剑拔弩张的对弈之后，我朋友的弟弟托马斯掷完骰子，在游戏盘上缓慢地移动着棋子。他已经可以清楚地看到败局已定，但本能上又极不情愿地接受。我和我的朋友也看出了结局，我们屏息静气。托马斯在快速地盘算着如何摆脱败局，只见他血脉偾张，臂上纤细的汗毛直竖，大脑中的理智已开始被原始的、本能的求生欲望所取代，眼中的棋盘已不再是棋盘。他将棋子移动到了棋盘中公园巷的边上，那里有一个古朴的旅馆。这时，他站直身体，怒不可遏，声嘶力竭地叫喊着比赛是何等不公平，他姐姐和我是如何在欺骗他！愤怒之下，他将整个游戏棋盘抛向空中，让上面所有的小房子、小旅馆，还有彩票和公共基金卡成了天女散花。

请想一想我们自己对输赢的最初感受吧，它们可能来自家庭游戏、学校考试、音乐比赛或足球锦标赛等。从我们的生活环境和我们所受的教育中，我们知道了怎样才能赢得奖励、什么样的孩子能被父母和老师认定为优秀。这些经历对于塑造我们的输赢价值观影响巨大，也是我们开发"赢家哲学"的起点——赢家的定义究竟应该注重外壳，还是聚焦内核呢？难道在学校的荣誉榜上成为优胜者，或者实现父母的期望，或者得到媒体的认可，就是成功了吗？如果没有其他人见证我们的成功，我们还算成功吗？成功是否就是将某位功成名就的人物拉下马，抑或战胜你的对手？成功的标准是由外在因素决定，还是由我们自己量身定制呢？

赢家的故事常被当作一种有效借鉴，用来设定我们在学校考试、职场和体育比赛中应达到的标准或实现的目标。企业领导、运动教练和父母经常选择、展示或援引这样的成就，以激发销售团队创造更佳业绩，鞭策竞技体育团队赢得比赛，或者激励自己的儿女在考试中拔得头筹。这似乎已成为一种简便易行、颇为合理的模式，我自己也曾亦步亦趋，难以脱俗。但问题是，这种方式却一次又一次地使我们难以如愿，甚至南辕北辙。

从同胞竞争到同学竞争：我们是如何习得求胜心态的

家庭是人生的第一个群体，也是人生第一次邂逅输与赢、战与和等概念的地方。在家庭里，我们很快学会了权衡，懂得了谁最具权威（或者谁当家但不拿钥匙），以及怎样才能如愿以偿地得到我们想要的巧克力饼干，形成了我们与他人的不同关系。家庭环境、亲戚、父母、兄弟姐妹，对于我们初次体验"赢"以及赢的意义具有不可估量的作用，为我们提供了在通过竞争成为赢家与通过合作或协作来寻求更好结果之间最早的选择机会。

在电视剧、文学作品和电影里，兄弟姐妹之间的竞争，经常被刻画成一种受零和博弈思维驱使的、赢家与输家式的竞争。这是人生最早接触的二元论概念，年长一些的孩子通常会认为，他（她）要么以牺牲弟弟妹妹利益的方式成为赢家，要么就输给他（她）们。家里最早出生的孩子习惯得到妈妈的全部关爱，然后妹妹或弟弟出生了，"偷走"了妈妈的部分时间。这时第一个孩子会想方设法"赢回"妈妈的时间、关怀和宠爱，但这是一场打不赢的战争。一旦家里另一个孩子降生，母亲不可能只偏爱一个孩子，将所有的母爱都给他／她。

这需要一个很长的调整期，直到孩子们找到办法（希望是这样的）分享妈妈的时间，找到与兄弟姐妹一起玩耍和享受游戏乐趣的方法。父母们都知道，达到这种状态很不容易，但在我们身边也并非没有类似的例子。各类电视剧、新闻特写、文学作品和电影似乎更多地聚焦于该隐（Cain）和亚伯（Abel）[①]式残酷竞争的故事，而不是那种调整适应、创造不同局面的故事。

在托儿所或幼儿园，孩子们希望获得最好的玩具、得到老师的全部关爱，孩子们一旦发现无法达到目的，要么就不惜时间和精力为玩具而拼、为关爱而拼，要么就另寻他法来改变环境。

先是家庭的经历，后是学校的经历，对输赢叙事方式的发展起重要作用，决定着短期竞争、零和博弈思维或多元化思考方式的形成。在校园生活中充斥着各种各样的竞赛、奖赏，在教室里自己的名字、计分板或作业本上赢得更多的小星星，它们时时刻刻都在提醒着学生什么才是最重要的。我们都应该记得，在学校时，一旦老师提问，我们就会急中生智地寻找答案，希望老师叫到的是我而不是其他同学。而一旦老师叫到的是别人而不是我，我则希望他们的回答是错误的！因为如果他们确实错了，我或许还有机会炫耀自己的高明——同学的失败换来了我的成功，原本可能是朋友和伙伴的人就这样变成了对手甚至敌人。

在英国的学校里，学生通常会因做事认真、遵守校规、课堂安静、待人友善等表现而获得诸如贴花、星星和荣誉积分等奖励。可问题是，这些奖励本身所提倡的行为通常很快就被抛诸脑后，到了周末，这些贴花、星星和荣誉积分就会被优胜者和落榜者取而代之，那些良好品行的益处却被忽略了。

我七岁的儿子在学校里找到了获取荣誉积分最简单易行的办法，那就是为其他同学开门。他不知疲倦、充满热情地做这件事，获得了领先积分。在

---

① 　该隐和亚伯分别为亚当和夏娃的长子和次子。二人争斗中，该隐将亚伯杀害。该隐也因此特指"杀兄弟者"或"凶手"等。——译者注

某种程度上，为大家做点有益的事情当然很好。但是，除了在班级得分表上为自己赢得可观的积分外，他并不明白这样做的真正益处到底是什么。当第二年开门不再有奖励积分时，他自然不想继续为同学开门了（当然，在我与他进行了一次小小的谈心后，他又时不时地出于不同原因为同学开门了。我希望这次交谈使他受到了鼓励！）。

那么，是应该教会学生如何在班级周末得分表上成为优胜者，还是让他们懂得如何通过包容、乐于助人和友善待人而影响他人？一些学校在这一重要问题上本末倒置。有时候，通过奖励一朵贴花来表彰良好行为看似很直接，作为家长，我也深感这种方法的诱惑力，但它也有局限性。短期看，它能激发良好的行为，但是这种外部激励提供的是外源的而不是内生的奖赏，未能使人看清长期利益所在，无法帮助学生铸就深层次的、长久的价值体系。

现在，学校正越来越多地讨论合作这个话题。但是在这种层层奖励的机制中，合作的位置又何在呢？是否有任何实例存在，其中对合作精神的赞誉超过或哪怕是接近对那些在学科考试、音乐或体育比赛中拔得头筹的人的赞誉？正是这种现实的奖励机制教会了每一名学生，什么才具有现实意义，那些贴在墙上的使命宣示到底有何价值，以及成功的真正含义究竟是什么。

每当我问及我的朋友或受访者他们初次邂逅输赢是在什么时候时，他们往往会先是踌躇，然后叹息。令人不可思议的是，绝大部分人会睁大眼睛、扬起眉毛，"哦，上帝！是玩《大富翁》游戏！"接着便是每每被兄弟姐妹和家庭成员在那个绿色棋盘上以红色道具搞破产的记忆，一旦谈起，便滔滔不绝。

《大富翁》游戏被维基百科（Wikipedia）描述为"国际流行文化的组成部分"，它的逻辑前提就是竞争。游戏以迫使你的对手走向破产为目标，你要想胜出，就必须有人遭受损失，最好是灾难性的损失。这款游戏在一个人的童年经历中建立了一个零和博弈的世界。在这里，合作不仅无足轻重，而且不合时宜，成功完全建立在你的精思妙算和他人的损失与痛苦之上。

很多棋盘类游戏基本上也都以"零和博弈"为出发点，胜出者只有一人，其成功的衡量标准就是其他参与者的损失。如果你想成为那名赢家，就要不惜一切代价，并拒绝合作。无论是《蛇与梯子》（*Snakes and Ladders*）、《战列舰》（*Battleships*）还是《危险》（*Risk*）游戏，无可争议的获胜方法就是急中生智、不择手段地骗过对手，不失时机地将其摧毁。

老实说，纵使没有那个矩形红盒子（rectangular red box）①，我也经历过童年的"独霸时刻"。学校和家庭生活的方方面面教会了我"冠军只有一个"的思维方式，要使自己占有话语权，必须努力成为那个赢者，成为一锤定音者或成为最强音。只有赢家和输家选项，没有中间选项、没有商量余地。这样的思维方式促成了我在中小学、大学的学业成功以及后来奥林匹克运动中的成功，但无论是对中小学、大学、竞技体育的其他方面，还是对后来的工作和家庭生活等，这种思维方式也造成了我在积极应对有关问题的能力的缺失，更谈不上应对自如或得心应手了。

在学校，优等生和差等生有清晰的界限，这体现在学术、运动和音乐等众多科目中，很多人被排除在任何类别和等级之外，班上谁是顶尖、谁是垫底的，大家都有清楚的认知，任何具有个性观点的学生都可能沦为垫底。在学校，学生总有没完没了的考试要对付，根本无暇顾及这种做法的合理性，更谈不上对此提出质疑。

如果你进入大学，情形依然如故（甚至在你开始学习前，你所就读的大学本身就意味着你是成功了或是失败了）。成功与否是由等级和分数明确定义

---

① 英国孩童俗语，相当于我国孩子们常说的"宝葫芦"。——译者注

的，而不在于学生是否从课程中得到激励和启发，步入社会，做出不同凡响的事业或创新发明。同样的逻辑丝毫不变地被延伸到职场中，在那里，人们为了业绩、奖金、升职加薪而博弈。

但是，一旦我们被成为赢家的心态所蛊惑，争强好胜，汲汲于那些无常的测验、考试或考查结果时，我们的学习和进步都会受到禁锢。正如在下一章中你将会看到的那些狭隘、短视的衡量标准会让我们误入歧途，无法专注于如何才能做得最好，为我们所生活的世界做出最佳而且长远的贡献。

输赢悖论：只有赢得比赛的人，才有资格享受比赛的乐趣

虽然有后来从事竞技体育的亲身经历，但童年时期，我在体育方面的确太一般了。在班里，我不但完全不属于体育成绩名列前茅的那几根凤毛麟角，而且很快就被划入"无运动潜质"之列。这种界定的依据就是谁跑得最快，而这主要取决于谁的身体发育最超前：要么是班级年龄最大的孩子，要么是来自那些在周末安排体育运动家庭的孩子。

将学生按"有运动潜质"和"无运动潜质"进行划分，"有运动潜质"的学生成为运动优等生，在体育课上受宠有加，这样的经历主导了我的学校体育生涯。我是年级里年龄最小的学生之一，曲棍球或者更糟糕的排球都是我的短板（绝对是我的噩梦）。学校对我上体育课的评语是"4A班凯丝有时对体育课程态度消极、不努力"。其实，我的确希望能在体育课上有好的表现，对此我十分在乎，并且很努力。我只是不知道怎样才能做得更好并摘掉人为给我贴上的"无运动潜质"的标签，也不知道有什么途径能使我做到这一点。

人一旦在年轻时放弃日常体育锻炼或体育运动，就会失去生活中一项有

益健康的重要内容，而且很多人终生也难以挽回。世界各国政府和体育组织都在努力，找到防止孩子在青少年时期放弃体育运动的方法，或者在他们放弃后帮助他们重新回到运动场。最初的设想主要放在为青少年提供更多的体育项目供其选择，或者培养他们对体育运动的兴趣等方面。直到最近，经过进一步研究，人们对体育中的体验或感受及体育文化、体育环境等因素的重要性才有了进一步的认识。而获胜或赢在体育文化中扮演的角色，对孩子们从早期体育活动体验中获得何种认知具有重要影响，决定着参加体育运动是否能够成为一项健康习惯并伴随终生。

我感到特别幸运的是，我在大学结识了赛艇运动。毫无疑问，它使我与体育结缘，从此改变了我的人生。在孩提时代我曾被认为"无运动潜质"的定性以及不肯吃苦、不愿早起等评语，导致我刚进入大学校园时对参加一种新的体育运动，尤其是那种特别耗费体力并且必须"闻鸡起舞"的项目兴趣索然。但在第一学期的中间，一次偶然的机会，一些新结识的朋友邀请我成为她们的新手赛艇队的替补队员（为此，她们进行了不少游说）。

虽然在旁观者看来，我们的首次晨练毫无成功可言，但它却是一次令人精神振奋的经历。当我们的划艇荡至岸边时，我笨手笨脚，无法让它改变方向，乃至折断了手中旧木桨的桨叶。我简直无可救药，但显然没人在意这些。我们都是新手，之前谁也没有划过赛艇，彼此的水平半斤八两，这次也就算我们的一次水平测试了，重要的是我们都在学习并享受着乐趣。教练很快取来了新桨。这项运动需要的是桨手通力协作，动作整齐划一。作为新手，我们互相帮助，朝着目标努力前进。

尽管我仍然不喜欢大清早的闹铃声，但很快我就开始迷上了凌晨河面上的薄雾、"之"字前行的赛艇、新手们手中的桨发出的不协调吱嘎声、船桨与水的私语声、运动带来的身心愉悦，还有这一切所激发起的队友之间的友情。那种大家同在一条赛艇上，相互依赖，彼此关联的感觉带来的是一种崭新和令人激动的体验。我没指望自己成为一名奥林匹克选手，压根儿就没想过（从"后知后觉"的视角来看，很高兴我终于还是成功了），但我仍想在团队中尽最大的努力，取得最快的进步。我们虽然期待着在期末的新手比赛中有好的表现，但也做好了未能如愿的思想准备。为了大家共处的乐趣和友情，我们同样策划了在下一个学期继续参加赛艇训练的方案。

被引荐加入赛艇团队使我受益匪浅。面对步调一致所带来的挑战和不能整齐划一时的挫折，唯有不断尝试并逐渐适应。以前在学校曲棍球或排球赛场，我曾经中途"退场"。但在这里，一旦登上赛艇，你就无法退局，你必须运动不止，发挥自己最大的能量。这靠的不是教条式的分析，关键是和谐。人、桨、船、水四者必须浑然天成。你必须保持完美的"在状态"，保持对身边桨手动作和船下河水律动的感觉，捕捉转瞬即逝的瞬间，随着"哗啦"一声，桨入水，艇似箭。这样的过程也是对所有情形下团队合作的一种最佳预期。

数年过后，参加比赛和赢得比赛已成新常态，我开始把目标瞄向英国奥林匹克赛艇队。我粗略了解了一下成为一名正式职业运动员的相关要求。排在首位的是赢得比赛，至于感兴趣则大大靠后了。很多教练最常用的一句说辞就是，"你可以在领奖台上享受乐趣"。这话的潜台词就是，除非并且只有在你赢得比赛后，你才具备享受体育乐趣的资格，"赢"与"乐趣"二者就这样被危险地交织在了一起。我真后悔那时候没有对这种逻辑提出质疑（尽管我怀疑我是否有胆量这样做）。在团队里，谁是最优秀的，谁又是最落后的，一切由排名说了算。没人想成为垫底者。即使在这个全英国最好的国家赛艇队里，也只有部分人被视为胜利者，另有一些人则被冠以"长败不衰"的雅号。作为一名女孩子、新晋队员，面对这样的情形，我诚惶诚恐。为了不成为那个"长败不衰"的人，我竭尽全力。

但这并非易事。此前，除在世界锦标赛上获得过个别奖牌外，英国还没有任何女性赛艇运动员赢得过奥运会奖牌，整个女子赛艇队常被说成"败之队"，这就是我们在别人眼里的形象，也是我们不得不背负的沉重包袱，我们迫切需要证明，我们也能成为胜者。但那意味着什么呢？我们如何才能实现呢？

当我侥幸成功进入 1996 年亚特兰大奥运会英国女子赛艇队时，感觉似乎就是一个遥不可及的梦想难以置信地成为现实。回顾我糟糕透顶的学校体育成绩，简直无法相信我现在居然加入了国家队。但在这里，似乎事事都在强化着这样一种概念：女性不会有优秀表现，当然也更不如男性。有时，我们会成为男队员们的公开笑料。这样的情景使我深感意外和困惑，我们要努力证明，我们是与众不同的，我们能够获胜。但是，周边却有太多的人对我们的努力嗤之以鼻。

男队教练们公开声称女队严重缺乏制胜意志。我们女队没有配备运动心理医生，我无法弄清制胜意志这玩意儿究竟是什么，为此我反复思量，为我的"有"或"无"而苦恼，为它究竟是与生俱来的，还是可以后天养成的而纠结。

我记得，我们女队曾得到了一个殊为不易的机会，与一位教练兼心理学家进行交流。他曾帮助一支运动队在之前的巴塞罗那奥运会上获得金牌。他对取得胜利的愿望谈论了很多，问我们大家："你们有制胜意志吗？你们真的想获胜吗？"很显然，这一问题极为重要，它使我觉得其中一定还有一些深奥的东西是我还没有搞明白的。我又冥思苦想究竟是"有"还是"无"的问题，脑子很快陷入了"妄想综合征"（imposter syndrome）①："我想我还是有

---

① 妄想综合征，一种精神疾病，通常为偏执型人格的某种表现。——译者注

的。但我如何知道这是真的？如果我没有呢？如果我是在自我欺骗呢？我怎么认为我会有呢？如果我以为我有，但实际上并没有，反倒是比赛中的其他人更多，那又怎么办呢？"

这虚无缥缈的制胜意志游荡在我们上方，若即若离。为了捕捉这似乎飘忽不定的制胜意志，我们花费了大量心思，蹉跎了大好时光，而这些本来是可以用在如何将赛艇划得更快方面的。由于这样和那样的原因，我们在那届奥运会上铩羽而归。

首次折戟奥运会的一年后，一位运动心理学家加入了我们团队，使用的是完全不同的词汇。他强调的是对参与心态的培养，而绝口不提"制胜意志"。他重在关注我的技能和体能及其如何运用和更好地发挥；关注我在训练和比赛中能否全力以赴，是否有信心每天都取得进步和提高。这为我开启了一种新的思维模式，为作为运动员的我重新诠释了成功的意义。这一次，我关注的对象已经超越了比赛结果，而这更有助于我取得最好的成果。

人们总是将制胜意志和体育运动联系在一起，但其实在大部分非体育领域，这一观念同样存在。当团队领导招聘新人时，会有"优者为先"或"择优录取"这样的说法和要求。在众多团队和机构的战略和目标中，类似的简单表述也耳熟能详。"让我们都成为赢家""让我们的团队成为一支必胜团队"这类的话，说起来很轻松，充满正能量，但它们的实际含义是什么？赢的行为本身又如何界定？要在这些方面形成共识，洞悉汲汲于赢对实现我们的宏伟蓝图所造成的影响，则无疑是一项挑战。

在职场中，等级制度就是一幅恒常可见的赢家输家图景——公司里谁的观点最有分量？谁最受重视？在我工作的政府部门中，每个人都被按级别和是否被纳入"快车道"进行了分类，决定了谁在会议上有发言权、谁的观点可以不予理睬，这无疑扭曲了个人价值的发挥。商业领袖、作家玛格丽特·赫弗南对等级制度给组织管理活动造成的危害进行了概括：

> 几十年来，管理者们曾设想，公司晋升阶梯以及员工沿阶梯爬升的梦想会推动公司实现良好业绩……结果却是无法共享理念……在为权力和领地而争斗的过程中，那些奇妙的思想和对生死攸关事项的关注被搁置、被丢弃或被化于无形。

到职业生涯后期，如果你没有在某一方面达到一定层级，会产生"船到码头车到站，出人头地为时已晚"的感觉，这种现象在生活中比比皆是。理奇·卡尔高（Rich Karlgaard）对职场和其他领域中的这种现象提出非议，他指出，这凸显了我们文化中那种对早年得志者的莫名崇拜和对大器晚成者价值的严重低估。

对"成为真正赢家"的反思

无论是在学校、家庭、体坛、职场还是其他领域，我们都会屡屡遭遇输赢。因此，以探究之心重新审视输赢标签之外的含义是有意义的。相关的问题值得我们做一番思考，例如，我们的这些经历培养和强化了我们的何种心态和行为？产生了何种后果？我们忽略了什么？又低估了什么？

我们已经对成为赢家的执念可能带来的个人感受进行了讨论。在社会层面，在教育、体育、商业和政治活动中，争当赢家的理念也以某种我们通常认为是理所当然的方式发挥着作用。但是，如果我们想开创一种更加有益的成功模式，就很有必要对它们进行仔细的审视并提出质疑。在接下来的几章里，我们将结合一些实例对此展开讨论。

第5章

谁是真正的学霸：让孩子争强好胜真的好吗

心理学家玛德琳·莱文（Madeline Levine）讲述了一个 10 岁男孩的故事。男孩安静地坐在她办公室的沙发上，双脚似乎刚刚能够触及地面。她问他，是否想过长大以后要做什么。他迅速坐直了身子，答道："我想开一家初创企业。"事实上，这个男孩根本不知道初创企业为何物，但他确实非常清楚，要想鲤鱼跳龙门，就必须要创立一家企业。他绘声绘色地描绘了自己未来 15 年的人生成长蓝图：申请入读一所最牛气的中学，以便为今后进入斯坦福大学创造条件。他还十分清楚，从斯坦福大学毕业后必须拿到一个到企业实习的机会，而他理想中的企业是谷歌。他一心要成为"成功人士"，他的父母、老师，还有所在社区，都在鼓励他从小就培养这样的思维方式，指望他未来能够潜龙飞天，但是，他们却没有意识到这实际上是揠苗助长，结果可能事与愿违。

玛德琳·莱文进一步指出，"美国那些特权阶层的特有文化中的一部分将成功的概念越来越狭隘地局限于成功的表象与获得成功的手段上，过分看重金钱的作用，而贬低人的价值与本性"。她认为，坐在沙发上的那个男孩的想法正是这种文化的必然产物："他只想当赢家、出人头地，而对自己所规划的未来究竟是什么毫无概念，对他今后将要做的工作更是一无所知。"

美国当地的一位母亲曾与我有过一次奇葩式谈话，我至今仍记忆犹新。她对自己刚两岁半的儿子的前途很担忧，她告诉我：

儿子真令人担忧，我们一直在教他如何正确握铅笔，但他对此满不在乎。这让我感到束手无策，没有好办法去矫正他。要是他不能学会正确握笔，将来很难进入某某学校。如果进不了该校，天知道他未来的生活将会是什么样子。经人介绍，我们已经请了一位家教，上帝保佑，这位老师能帮助我儿子顺利通过即将到来的入园面试。

我认为自己还算是见过一些世面的，但从与这位母亲的交流中看到，为了使孩子能够进入一所顶尖私立学校，这位母亲要求自己的孩子两岁半就开始为竞争做准备，这的确令我十分惊讶。孩子一出生，父母的焦虑就开始了。他们认为，如果孩子不能进入一所理想的幼儿园，也就无法入读好的小学或预备学校，从而无缘于最好的中学，最终，顶尖的大学也只能是望尘莫及。可见，争当赢家不但彻底打乱了所有人的生活，还对其产生了严重的影响。对于那些望子成龙的家庭来说，这是一场耗时费力、令人精疲力竭的博弈，常被如何进名校搅得鸡犬不宁。面对如此的现实，许多家庭干脆就放弃玩这么残酷的名校游戏。

但现实是，父母及孩子似乎别无选择，像其他家长一样，我也总是感到"人在江湖，身不由己"。在人们的观念中，如果你出类拔萃，成为学校教育的"赢家"，那么你将前程似锦；而一旦成为"输家"，你将从此面对惨淡人生。学校教育通常是孩子们最早的一种人生体验，家长与老师们对孩子们耳提面命、谆谆教诲，灌输传统的人生成功法则。

学校不应成为追逐成绩、分数、排名的竞技场

许多国家仍然采用僵化的考试体系和竞争激烈的录取制度，它们与社会

生活和现代职场中对人才的阅历和素质的要求相差甚远。雇主迫切需要的是那些具有创造能力、革新思维、团队意识和解决复杂问题能力的员工。部分国家，特别是北欧、荷兰等国家，已经在朝着减少考试、培养更强协作能力的人才的方向发展。但仍有许多国家固守这种千篇一律的竞争式培养模式，在孩子们小小年纪时，就给他们贴上成功或失败的标签。

攀比的压力无处不在。衡量成功既有绝对的标准，即分数；也有相对的法则，即你的孩子相对于其他孩子表现如何。玛格丽特·赫弗南（Margaret Heffernan）在一所商学院授课，本杰明·赞德（Benjamin Zander）[①]是一位乐队指挥，同时也教授音乐。为了避免专注于相互攀比所产生的负面影响，他们都在尝试从授课一开始就给他们的学生全部评定为"A"。对玛格丽特·赫弗南所教授的 MBA 课程而言，尽管教学内容是关于如何创办企业的，与分数高低几乎毫无关联，但学生们仍然对老师的新做法不买账。因为他们多年来都是按照分数以及与同学相比是否更加优秀来评价自己的。"他们上课的目的不仅仅是学习知识，还要以他人的失败来显示自己的成功。"

在乐队指挥本杰明·赞德讲授的音乐课上，自学期一开始，他就给所有学员评定为"A"，期待在学生中创造出"奇效"。在这之前，一轮又一轮的学员总是对课程最后的成绩评定惴惴不安，因而在表演时都中规中矩，不愿冒任何风险。"音乐艺术的表现只能通过演绎，它的生命力完全有赖于表演者的表达能力。然而，也只有当表演出现瑕疵时，我们才能真正发现改进的空间在哪里。"

评论家和既得利益维护者（通常是那些在固有的成功标准下扶摇直上、创造辉煌，因而坚定地支持，甚至依赖于用这种体系证明他们的成功的人）

---

① 本杰明·赞德是美国波士顿交响乐团的音乐总监。——译者注

在呼吁取消这些标准，赞德却反其道而行之。他没有按通行的标准对他的学生打分，他的做法是综合评价学生的表演是否做出了最大努力，达到他们自己所能达到的最佳表演效果，即使存在瑕疵也无关紧要。他不希望学生的学习是为了取悦老师而受到局限，或者为了尽量避免出错而去表演，而是希望他们在老师的指导下发挥各自的潜力。"给你'A'等并不是为了让你觉得自己有多么了不起，或者仅仅是为了你的自尊，而是为了让你不必拘泥于成功或失败，激励你去尽力挑战自己的极限。"同样的道理，我们很容易理解，艺术大师的精湛造诣并非因为在演出中击败其他竞争者而使然。可以想象，在其他诸如商业和政治领域，同样萧规曹随。然而在许多国家，领导人由竞选中的获胜者担任，而他们未必是各级政府的最佳管理者；在商界，企业通常提升那些业绩优异的人员，但他们也未必适合担任领导人。

在许多国家，教育领域已经演变成一种等同于体育比赛的竞技场。无论是学生还是老师，轻而易举地就掌握了规则，并运用自如，准确地区分出谁将金榜题名，谁将名落孙山。

追根溯源，"教育"一词源自拉丁语"educare"，意为"抚育、养育、使成长"。"Educo"意即"我来培养"，从字面理解就是"我引导、我提升"（'e-duco'）。这是关于引导和培养人才的教育理念的重要基础，也是本杰明·赞德教育方法的核心内容，其中没有任何成败输赢、竞争、排名或考评的含义。可是在许多主要国家，例如英国、美国、日本、韩国等国家，教育理念已经完全被各种指标和排名所主导。

在英国，学校越来越被当成"公司"来管理，教育变成了竞争性市场（公立和私立学校都如此），学校教育被首席执行官而非校长们所主导。政府鼓励私营企业的管理者进军教育领域，将商界管理中以业绩为导向的管理模式引入学校，来提高教学成绩。其实，即使在商界，也无法确定这种方式的有效性，更遑论其是否能适用于学校并能否在学校中推广了。

现实中，强调考评指标的作用会对老师和学生乃至教育领域产生怎样的影响？突出的例子出现在英国、美国和日本。在这些国家，为了提高孩子们的教育质量、实现公共投入的更好回报、消除社会阶层间的"事业鸿沟"，竞争理念被置于教育领域的核心位置。这种颇具诱惑力的简单逻辑盛行于所有学校：为挤进排名榜的前几名，学校都会全力以赴、各显神通，因此教育水平自然会水涨船高。这无疑是一个美好的乌托邦，但现实结果如何？"争胜"理念又会如何影响下一代对待学习内容及学习方法的态度？

在英国和美国，中小学教师在入职时会接受这样的培训：要激励、开发孩子们的潜能。入职后，他们明显感到实际情况与所受理念渐行渐远，认为自己实际上被卷入了一种纯粹由数字和指标主导的官僚做派中，因此，他们中的一部分人选择了离职。校长们更是感到进退维谷。政府部门则振振有词，认为考核有其合理性与必要性，这种规定利大于弊：考核是为了提高教育水平、加大人员流动和跟踪教学进展。如此出发点言之凿凿，无可反驳。但实际情况却南辕北辙。由于考评结果将会以末位淘汰制的消极方式对教职员队伍产生影响，例如减少财政资金、被列入黑名单等，因此他们不得不分散精力去追求指标与排名。而在考评指标中，短期目标总是重中之重，而一些令人担忧的长期趋势性问题却被视而不见，听之任之，这些问题其实更为紧要，例如士气不振、师资流失、师生福利等。

年复一年不断增加的考试、评比以及对考评成绩的追逐，催生出特定的思维及行为方式，与排名没有直接关系的事项被置之脑后，时间上更是无法保证，因而影响了学生的全面发展。例如，与在考评中占比很大的热门科目（如英语、数学及自然科学等）相比，艺术、音乐、体育、社会实践和历史等科目则遭到冷遇。对于考试科目，教师开始将重点局限在应付考试所需要的特殊技巧等方面，而不是知识面的拓宽及思路的拓展上。学校出于应付考试的目的，不会鼓励学生选择那些他们虽然喜欢、当时却并不精通的科目。我不知是否还有人在探寻"为什么"这样的问题："为什么上学？""意义何在？"然而，这确实是一个值得思考的问题——获得了成串的好分数究竟意味着什么？戴维·博伊尔（David Boyle）曾在《勾选框》（Tickbox）一书中揭露了充斥在公共服务领域内毫无意义的指标文化所产生的危害，表达了他对排位榜首的学校的质疑："它们之所以取得如此成绩，十有八九是因为取消了创新类课程，更严重的是，它们放弃了对在学习上感到吃力的学生的教育责任。"

杰里·穆勒（Jerry Muller）教授深入研究了美国"不让一个孩子掉队"的教育政策，这一政策的设计初衷是希望以更强的责任心、更高的灵活性、更多的选择性来保证实现一个孩子也不能掉队的目标，从而大幅缩小将来可能出现的事业鸿沟。在这个问题上，穆勒与其他人的观点相同，他强调："学生掌握了太多的应试攻略，而实质性的知识则未必学得很多。"

当考试成为评价学校的主要指标而且与它们的利益攸关时，学校在如此的文化背景中争胜的欲望会导致其正常职能严重错位，甚至有时还会产生腐败行为。例如，将能力较差的学生认定为失能学生或特殊教育对象，以便堂而皇之地把他们从考评统计数据中剔除；拒收类似的学生或将其转至其他学校。在某些情况下也会产生作弊行为，如教师会修改答案或"干脆放弃"在考评中占比较低的考试，学生则会采取作弊的手法以"提高"考试成绩等。

尽管政府做出了巨大努力，相关教育部门花费了大量时间制定、调整教育政策，持续数十年记录在档并颁布考评法规，但在减少或消除人际事业鸿沟方面却仍然收效甚微，英国或美国这方面的情形尤其明显。当然没人愿意承认这一点，相反，为了凸显他们所期望取得的成效，有关部门还在不断地推出新的考核办法。

这样的管理模式促使体系内的学生只考虑考试成绩，而无暇顾及学习过程和学习目的。他们被告知"照规矩做，你就能心想事成"。所以学生们不得不去努力赢得好成绩或好评价，对学生的激励并不是学习或应用新知识。这种模式既不能拓宽学生的思路，也不会使他们掌握思考方法，最后的收获只是抽象的分数而已。

本杰明·赞德对此有深刻的认识：

> ……大多数情况下，分数无法反映行为状况。当你对一个学生指出，他对某一概念的理解有误，或者在求解一道数学题时采用了错误的步骤时，这反映的是他的真实行为。但如果你只给他一个B+的成绩，这丝毫反映不出他是否已经掌握了要领，而仅仅是将他与其他同学做出比较而已。从根本上说，分数的主要目的就是要将学生进行相互对比，没有别的用处。这也是大多数人的共识。

学生的年龄正是其人生过程中形成社会认知的关键阶段，应当学习与他人协同合作的方法，而排名迫使学生间进行竞争，从而损害这样的进程。排名还强化了这样的观念：一个人要成功，必须要有别人的失败来陪衬。尽管组织机构中大多数工作需要团队来完成，但小学生在学校的经历却主要是独来独往、单打独斗的。强调成功的相对性，将其局限在与他人的比较范围内，异化了学习与成长的真谛。

痴迷于"成王败寇"，还导致"只见树木不见森林、只见当下不顾长远"的狭隘教育观，把教育的真正目的抛在一边。例如，思辨能力、自控能力、沟通能力、合作意识、创新意识和文化修养等方面的培养与发展，这些都应是教育的重要构成，却因难以衡量而被忽略。但对于孩子们将来要进入的职场来说，这些素质却在培养创造、革新以及应对不确定性的能力等方面凸显出越来越重要的作用。

卡伦·阿诺德（Karen Arnold）曾对在毕业典礼上致告别词的毕业生代表进行了跟踪调查。他发现，尽管高中阶段各个方面表现出色的学生通常预示着他们在大学阶段也能取得成功，但却未必能取得职业生涯的成功。在他的研究对象中，许多人会有一份不错的工作，但没有人能成为引领或改变世界的人物。阿诺德认为，他们之所以在学校能取得成功，是因为他们循规蹈矩、墨守成规，只注重考试内容的学习，除此之外，心无旁骛。但在实际工作中，并非事事都有现成的答案，创造性思维和独特的解决方法更加重要。因此，学校传授的方法在实际工作中已经难以奏效，爱莫能助了。

竞争式的教育也会给我们的自尊心带来持久而巨大的压力。阿尔菲·科恩（Alfie Kohn）解释道：

> 人们做事有两种动机，一种是专注于做好自己的事，另一种是渴望超越别人。两相比较，后一种动机会造成明显不同的感受，它带有发自内心的价值补偿需求。行为者希望通过超越他人来证明自己并非无能之辈，渴望拥有绝伦的坚强和智慧，以使自己在一定程度上进行自我说服：我出类拔萃，是人中豪杰。

詹姆斯·卡斯（James Carse）在《有限与无限的游戏》（*Finite and Infinite Games*）一书中论述了那种注重当下、目光短浅的争胜悖论：因为自己已经取得了成功，而且要继续从胜利走向胜利，不能失败，从而证明自己是"长胜"将军，所以"我们在别人眼里越被认为是成功者，越在内心害怕失手"。诸多头衔、奖杯奖章、财富等获得者、拥有者有赖于与他人的比较以及公众的高度认可，这就顺理成章地一步一步诱导他们掉入了争胜的陷阱：

　　成功人士，特别是声名卓著的成功人士，必须不断地证明自己绝伦超群，连创辉煌。成功的剧本必须一遍遍重演，头衔、荣誉也必须在一次次竞争中捍卫。财富无常，尊崇无常，喝彩无常，唯有打拼长存。

　　一些争强好胜者、顶尖运动选手、顶级法律与管理咨询机构以及社会上其他的高管职位中都存在上面描述的现象，这就慢慢积淀形成了滋生出充满不安全感的土壤，它扭曲了人生价值观，并且在他们主导的领域内出现一种攀比强迫症。搞笑的是，激烈的竞争文化带有与神经症引起的有害冲动很接近的特性。很显然，依此登顶并不足取。

　　在指标化的教育体系中，评判与比较主要充斥在这几项中：孩子是否有天赋、是否聪明伶俐、是否有学习潜质等。实际情况是：儿童的发育速度差异显著；潜质才华可以在许多实用领域显现出来，而不是仅限于课堂讲授的科目，当前的教育体系却全然不顾这样的事实。评级打分的言外之意是：智力是一成不变的，可以简单地用数字来衡量，因此可以根据孩子们的得分多少进行排队，但现实并非如此简单。认为得分高，智商就高，得分低，智商就低，这纯属无稽之谈。这种狭隘的天分定义既低估了未被发掘的多元化思维的巨大潜能，也忽视了我们身上可能蕴藏的天赋异禀，而这些宝贵的禀赋如果都能够得到认可与支持的话，无论是企业还是社会都会从中获益。

　　只要学校仍然采用这种遴选或淘汰机制，并且按评定结果分级分班，孩子们对谁是优等生、谁是一般学生心知肚明，一目了然。其实，学校之所以将某个学生划为后进生，其初衷用心良苦，目的是为了激发他的上进心，使他能很快赶上来。但事实上，如果一个学生不幸被划为后进生，很快就会在学校里被贴上"不可造就"的标签。这样的标签十分有害，一旦学生认可了这样的评价，它就会导致一连串的恶性循环。小小年纪就成为"失败者"，会使他们产生强烈的心理暗示，相信自己永远都不会成功。对许多人而言，这种随意地决定成功和失败的游戏规则带来的是令人不堪回首的种种体验，人们再也不想重蹈覆辙。这种做法的后果也将会使社会痛失宝贵的人才，创新型思维凋零，其他可能影响和改变世界的伟大贡献也将会被扼杀在萌芽之中，令人扼腕。

当表现优异的学生越来越受到重视甚至被认定为"天赋异禀"，从而获得额外的诸多关照时，就会产生马太效应。因此，学生们要么幸运地昂首迈进良性循环，要么倒霉地陷入恶性循环之中，表现平平的学生的收获会越来越少。有鉴于此，望子成龙的父母和家庭不得不深陷这千年一贯却毫无意义的游戏规则中，一味地想让他们的孩子在这样的竞技场中成为"月宫折桂的幸运儿"。这是否会助推孩子将来的发展仍不得而知，但他们却乐此不疲，孜孜以求。

在这样的背景中，"虎爸虎妈"应运而生。他们想尽一切办法帮助孩子获得优异成绩。"虎爸虎妈"是亚洲文化特有的衍生产物，他们认为成功的教育（以高分来衡量）将会光宗耀祖。然而，代价高昂。在韩国，社会与家庭带给学生的压力使孩子们像满弦之弓，长期处于极限状态，随时会折断。尽管成绩优秀，学生中的自杀比例之高令人担忧。

学术领域里类似的渴望出人头地的现象也层出不穷。"决定因子"（*Impact factor*）① 考核办法以及其他指标迫使专家学者们将追求业内排名作为首选目标，而真正的学术研究则被置于次要位置。

---

① 决定因子考核是美国科技情报协会（ISI）对全球科学期刊进行排名的一种评估方法。——译者注

协同合作是人类社会进步的命脉。然而一哄而上、热衷排名的竞争本质上却损害了学术协作。21世纪的许多发现和新领域的开拓，都源于不同学术思想的相互融合，并把这诸多思想有机地应用在原本互不相干的多个研究领域中。如果我们能够把自己从僵化的考评机制中解放出来，重新认识我们应当更看重的价值和更应吸收的精神营养，同时体悟到提携后生的重要性，那么我们原本可以更早地培育出大兵团协同作战和跨学科思维的理念。

孩子的天资与能力真的可以通过考试量化吗

众多学校都固守这样的基本假设，即孩子的天资与能力是可以通过考试手段加以识别并量化的。这也是政府设定考试科目和教育课程、进行学业评估的基础。

这种做法逐渐造就了孩子们的理念，决定了他们的思维和行为方式，将潜移默化地影响他们的一生。父母、教师一定要知晓在孩子的精神和心理发育过程中最重要的因素。美国心理学家卡罗尔·德韦克（Carol Dweck）[1]的研究发现，儿童的思维对培养他们的学习能力至关重要，这个发现也使我们获益匪浅。她发现，孩子对其自身能力的看法决定了他们学习新事物、挑战自我的态度。德韦克用成长型思维来描述那种不自我设限、不怕挫折、兼收并蓄、学而有成的孩子们。而那些形成固定思维的孩子则惧怕失败，为自我能力所及设定了上限，无法解决学习中遇到的难题。这种思维自然而然地形成了今后面对挑战及遭遇不测事件时的路径依赖模式。

---

[1] 卡罗尔·德韦克是美国人格心理学、社会心理学和发展心理学家，美国艺术与科学院院士。——译者注

学生们是否认为自己拥有足够的智力去解决问题呢？1978 年，德韦克研究了这个课题。她将两组题目先后交给学生求解，第一组八个题目比较简单，之后四个题目的难度相当高。德韦克注意到，当遇到难题时，学生们的反应是不一样的。那些具有固定思维的孩子认为，他们的智力是先天注定的，不会改变。他们会说"我不够聪明""我的记忆力从来就不好""解这类题目并不是我所长"等，不一而足。即使他们刚刚顺利解答了一道难题后也会持如此看法。而那些具有成长型思维的学生在面对难题时的反应完全不同，他们相信，聪明才智源于自身努力，他们不会怨天尤人，将成败置之度外，忘我地沉浸在不断求解与学习过程的愉悦中。即使面对新挑战，他们也具备较强的能力，能掌握更加复杂的迎接挑战的新策略。

家长和老师会颂扬成功，谈他们对成功的理解，与孩子们交流对学业成绩的看法，这些过程会对孩子的心态产生巨大的影响。如果与孩子平时的交流总是围绕着争胜及争胜之法，而对学习过程、如何付出努力以及团队精神培养等话题不闻不问的话，将会催生固定思维而不是成长型思维的形成，两种思维方式所产生的结果泾渭分明。它表明，当我们向处于人生早期的孩子们传授成功与失败的不同含义时，将会影响他们的长远发展，无论是在校园内还是校园外。

不要让孩子过早背上人生失败者的包袱步入成年

如果教育界变成一处追逐成绩、分数、荣誉榜、排名表、奖品的竞技场，它必将给学习动机以及结果带来重大影响。很不幸的是，老师在褒扬优秀生的同时，无意间也是在贬抑其他学生，类似的场景我们都经历过。当大家都为优秀学生欢呼，为他颁奖时，传递给其他人的信息是：你与优秀还有距离。

部分人会自此受到激励，奋起直追，今后争取好成绩。但多数学生感受到的是沮丧，而不是欣喜或喝彩。小学毕业时，有太多的学生带着刻骨铭心的学业挫折感离校，更令人心酸的是，孩子们可能会过早地背上人生失败者的包袱步入成年。

由于学校平时把精力全部投入到外部评价与外在结果（评级和分数）上，这种现状潜移默化地使学生们学会了忽略自己的内在驱动力这个重要因素。这不仅减少了他们的成功机会，还使他们的学习体验受到局限，既谈不上享受学习的乐趣，也遑论参与发现过程与探索新事物所可能带来的巨大喜悦。

接受教育的内在动力在于学习开放型思维方式，在于热爱语言与诗韵之美，在于掌握举一反三的能力，这些技能都需要长期训练、反复思考方能具备，无法一蹴而就。而考试却会抑制发散思维，不鼓励对同一问题给出多种选择与答案。它需要的仅仅是聚合思维，在答题页上给出唯一的答案即可。

然而在现实生活中，日常事务并非黑白分明，通常也不会有现成的答案，领导者需要具备创造性能力和创新性思维。学校很少会对创造与创新能力、团队协作能力或挑战现状（这样做会招致学校开除你）的能力等进行测试。但是，在我所了解的多个机构中，大多数都迫切希望其员工更具有协作精神。在我曾经合作过的一家机构中，它们就将"挑战现状"作为对员工重要的行为与价值判断的标准之一，鼓励员工开动脑筋，大胆创新。但令它们费解的是，为什么没有人能真正达到这个要求。

当今世界错综复杂、纷繁莫测，人工智能越来越多地承担起了那些简单的、可预测的工作。人类的价值体现在那些需要创造性思维、创新、构建人际关系、跨边界协作以及"异想天开"式思维方式的领域，这些内容都应成为课堂日常教学的一部分。历史学家、教育家安东尼·塞尔登爵士（Sir Anthony Seldon）一直呼吁，学校应摒弃19世纪学校的那种"工厂化"的教学模式，建立"创业型、主动学习型、创造型"的新途径，并探索以人工智能技术改进小学生学习的应用之法，使学习过程更具个性化。

教育系统究竟扼杀了多少创造性的因素？为了找到答案，心理学家特蕾莎·阿马比尔（Teresa Amabile）和贝丝·亨尼西（Beth Hennessey）曾进行了一系列实验。他们的结论是：

1. 要求学生向预定目标努力；

2. 用既定标准评价学生；

3. 全面管理学生；

4. 限定学生的选择权；

5. 打造竞争型的学习氛围。

这其中的每一项都是西方国家多数教育体系的特色，其中的大部分内容也会应用到职场中，且同样作用消极。关于提高学习积极性，丹尼尔·平克（Daniel Pink）提出的三个要素：自主性、驾驭能力和目的性。可是，无论学校还是职场，这三项指标的作用都没有得到充分发挥。

面对所谓的成功，我们收获了什么，又失去了什么

在一个由排名与分级主导的体系中，如果被认定为失败，则相当于昭告天下，人所共知，它直接的后果是引致所有各级参与方都会产生对失手、失败的恐惧感。道理很简单，学生的失败就意味着学校的无能，会导致一连串的不良后果，比如严重影响到教职工收入、拨款以及其他一些学校生存所必需的要素，所以按照这个逻辑推论，针对学生的考核，学校万万不能拿低分。然而，从对成长型思维的研究中，我们已经看到，失败乃成功之母。早在上

学前，我们每个人都有这样的体会：不摔跤就学不会走路。

体育冠军的励志故事数不胜数，他们在夺冠的征程中，也曾经历重重挫折和失败。篮球明星迈克尔·乔丹对此有过一段令人唏嘘的描述，通过耐克公司的广告而成为传世名言："我曾有超过 9000 次投篮不中、输掉了差不多 300 场比赛；曾经有 26 次，我被委以一球定乾坤的绝杀重任，在众目睽睽之下，却铩羽而归。"其中寓意显而易见：千锤百炼始成钢。电灯的发明者托马斯·爱迪生（Thomas Edison）也是英雄所见："即使我做了一万次试验依然不能成功，那也并不意味着毫无价值，我从不气馁，愈挫愈勇，因为每一次失败都是新希望的开始。"

然而奇怪的是，这种成功败中求的顽强拼搏精神在许多学校却并不多见。更为恶劣的是，它被有意忽视或人为操纵了。人们更愿意接受这样的观点：只要有限次数的失败能最终通往成功之巅，而成功又很容易被认可，那这样的失败可以忍受，至于更广泛、更长远的意义以及社会效益则通常不在考虑之列。运动员被邀请到学校或在媒体上讲述他们的辉煌成就，通常也是按这种模式展开的。所有的着眼点都是最终的辉煌，依此思维，所有的付出、所有的艰难困苦也都因此才具有意义。然而，生活中的"败走麦城"和我们自身的经历却并不总是遵从这样的模式。一些顶尖运动员无论怎样竭尽全力，勇敢拼搏，却总是屡战屡败，总是与奥运奖牌无缘。或许，他们是临场状态不佳，又或许存在一些他们无法控制的因素，但是，他们这样的往事却提不起世人的任何兴趣。假如他们这样说："我们有时表现的确不很出色，但这也不错了。"我们会认为这是托词，似乎不会接受和承认这样的现实。一位商学院的院长曾对我说，伦敦当时有 20 万家初创企业，其中的 95% 面临关门歇业。商学院所研究的以及邀请入学的人总是来自那 5%，极少会是那 95%。可以肯定的是，这样做会产生两个后果：其一，学生们通过失败案例吸取教训，从而更好地运营初创企业的宝贵机遇被剥夺了；其二，为学员设定了错误的预期，即只能成功，不能失败。与学校一样，那些成功者会受到褒奖，其余的则顺理成章地被认为是天资较差、工作不够努力、不值得借鉴。

我觉得我们对成功的定义太狭隘了，它设定了错误的预期，这样做的后果可能是：错失引领或改变世界的英才和重要机遇。

哲学家阿兰·德波顿（Alain de Botton）① 慨叹道，我们总是认为"芸芸众生平淡乏味，出人头地才显真章。"这会让我们感到越来越难以承受的失望。全社会指望每个人都能成为马克·扎克伯格（Mark Zuckerberg）或利昂内尔·梅西（Lionel Messi），否则就是"白来世上一回"，这种观念毫无意义。但是，生活的现实向我们展示的成功就是这些扎克伯格们的故事。成功期望所带来的压力反映了这样一种怪象：是我们成年人替孩子们做出安排，设想他们的未来生活会五彩斑斓、丰富多彩，但在现实中，他们更可能是普罗大众的一员，油盐酱醋，默默无闻。"平平凡凡就是真。"人们普遍认为，"有条件要上，没有条件创造条件也要上"，对于成功如此痴迷会导致自信的严重缺失以及德波顿所称的"心理失调"情形的蔓延。

在这种严重扭曲以致畸形的叙事中，我也扮演了其中一个角色，对此，我总是感到如鲠在喉。我曾多次受邀讲述我的奋斗故事和遭遇滑铁卢的经历，幸运的是，我的脚本是以获得了奥运会和世界锦标赛的奖牌作为结局的。而我的队友们则没有我的好运气，原因各异。他们有的最后没能被选拔进入参赛队，有的虽能参赛但没能获奖，因此，他们就不会接到邀请加入演讲团或到学校演讲，分享他们的故事。然而，他们的奋斗经历仍然震撼人心，关乎

---

① 阿兰·德波顿是瑞士作家、哲学家，著有《浪漫主义运动》（*The Romantic Movement*）、《哲学的慰藉》（*The Consolations of Philosophy*）等书。——译者注

我们所有人；他们全力以赴、竭尽所能；他们常年与重压为伴，不断化压力为动力，在压力中前行；他们与队友互相激励、互相支持，建立起珍贵的终生友情。他们没能拿过奖牌，可能会继续刻苦训练，纵横赛场，甚至在全球瞩目的奥运会赛场上拼杀，依然发挥着重要的作用。在重大赛事中，夺冠者纵然表现出色、作用突出，但孤掌难鸣、独木难撑，所以每名选手都是出征的勇士，都奉献出了他们的光阴和青春、心血和汗水。事实上，体育竞赛中的策略运用、心理战术、赛场表现细节等远比结果更加精彩迷人。遗憾的是，通常我们只关注谁赢得了第一，却忽略了这些赛事中隐含的其他精彩情节。

多年的运动经历教给我一种特殊的认知，那就是从那些并非运动成绩最好的运动员身上获益反而更多，他们最值得我敬佩。这些选手胸怀尊严，兼具出色的心理素质，敢于迎接一切挑战，但最终却不得不面对这样的残酷现实：伤痛未愈；状态未至最佳；或者其他不可控因素影响了比赛结果。他们的贡献和付出不应该被忽视甚至抹杀，如果没有包括他们在内的人们创造了良好环境，使每一名队员能够不断地学习与进步，我们的赛艇小组就不可能继续存在。我相信他们每个人都是一座蕴含着丰富而又宝贵的精神财富的矿藏。

奥运会奖牌获得者、英国曲棍球选手安妮·潘特（Annie Panter）认为冠军只是最先冲线而已，而据此把他们奉为英雄荒唐无比。她的观点似醍醐灌顶，使幼稚的我重新认识了自己。她说：

> 有些人现在还没有获得奖牌，或者他们从未获得过奖牌，但他们具备我推崇的奥林匹克选手的所有优秀品质，他们可能更优秀或更具才华，只是时运不济。也有一些人拿到了前三名，或许，他们并不具备前述的优秀品质，却得到了世人所看重的所有名利，得天时而已。

海上赛艇手罗兹·萨维奇（Roz Savage）是第一个单人划桨横渡三大海洋的女性，她面对挑战，坚韧不拔，永不言弃，堪称典范。她曾在耶鲁大学主讲一门关于勇气和无畏的课程，并且在全球巡回演讲。有一天，她从收音机里听到了难民们舍命横渡地中海的故事。他们乘坐摇摇晃晃的船只、船上装备破旧不堪、缺乏物资保障，甚至没有任何导航设备。要是运气好，他们会抵达彼岸的欧洲大陆——当然他们中许多人并没有如愿——将被关入留置中心，甚至比留置中心更糟的地方。但他们的勇气与坚韧令人钦佩。罗兹突然意识到，自己的经历与他们没有本质区别，但结局却有着天壤之别。她因为自己的勇敢和坚韧而站在了讲台上，接受喝彩，每次演讲还有酬劳，名利双收；而难民们却仅仅由于种种原因不得不逃离自己的家园，冒险渡海，被留置在最恶劣的环境中。而仅仅因为他们的出生和居住地就被社会所抛弃。或许，对于那些我们所陶醉其中的故事，我们应当回头再思量，我们究竟看中的是什么？

对争胜教育的反思

在人生的起步阶段，对成功的定义方式将塑造我们的思维与行为，并影响我们一生，除非我们自己选择凤凰涅槃，浴火重生。要对孩子们的成功理念进行再审视，不但不要限制他们的兴趣爱好、志向和追求，相反，还要营造出让孩子们充分发挥潜能的环境，为他们未来的美好生活夯实稳固的根基。

体育常被当作一种范例，说明我们是如何领会到"千帆竞发，独占鳌头"的重要性，并照方抓药，不断把英雄和传奇复制出来，展示给世人。这种模式制造了大量的明星和榜样，将人们理念中的时代弄潮儿形象具体化。所以，非常有必要将其作为切入点，对体育运动中什么才是真正的成功进行重新审视。

第6章

一切都关乎奖牌：体育竞技场上的神话和真相

1996 年，25 岁的丹麦高尔夫优秀球手托马斯·比约恩（Thomas Bjorn）收获欧洲巡回赛（European Tour）第一个冠军时，情不自禁地想："这是真的吗？"他获得了洛蒙德湖世界邀请赛（Loch Lomond World Invitational）的冠军奖杯，在随之而来的媒体采访中光彩照人。之后，比约恩返回更衣室收拾个人物品，出门时发现自己孤零零一个人。"我感觉空落落的。这是我的第一个巡回赛冠军，我在颁奖仪式中一直感觉很棒。这是我人生最大的梦想。但很快，我又回到一人世界，感到百无聊赖。"这是夺冠者不为人们所见的另一面，虽然没有广而告之，但确是事实。

在经典体育题材电影《火之战车》（Chariots of Fire）中，英国著名田径选手哈罗德·亚伯拉罕斯（Harold Abrahams）获得了 1924 年奥林匹克运动会 100 米决赛的冠军。随后，有朋友问他"你怎么了"时，他回答道："总有一天你会拿到冠军，但你会发现这真的难以接受。"美籍犹太裔游泳选手马克·斯皮茨（Mark Spitz）在 1972 年奥运会上夺得了七枚金牌，之后，他精神崩溃了，导致这一不幸的原因是他认为夺冠的光环不能维持太久。结束游泳生涯后，他试图重塑一种新的生活。维多利亚·彭德尔顿（Victoria Pendleton）将她赢得首枚奥运会自行车比赛金牌描述为"反高潮"，说她并不觉得有什么值得庆贺的。新晋世界重量级拳击冠军（World Heavyweight Champion）泰森·菲里（Tyson Fury）将长期称雄拳坛的、素有"铁锤博士"之称的前世界冠军弗拉迪米尔·克利奇科（Wladimir Klitschko）击倒在地。

第二天早晨一觉醒来，他形容"那只是一场空"。这些情景与我们想象中的辉煌胜利大相径庭。起初，我们想找各种理由：这是一周高强度奥运比赛后的紧张、压力和情绪亢奋所导致的。但我想这其中还有更多其他因素在起作用。

金、银、铜牌得主的真实感受

拥有英国和爱尔兰双重国籍的自行车运动员迈克尔·哈钦森（Michael Hutchinson）指出：那些观看获胜者的局外人，要比获胜者本人感受到的乐趣更多。

教练和老师为运动员设定了"获胜是体育运动最大的乐趣"的期望，而这样的期望也能为运动员铺就一条不能从中期待或寻找快乐的道路。这也产生了一种思维过程，当获胜者夺冠的激动感受与他们的期望不相吻合时，这种思维过程就会令他们中的许多人手足无措。许多夺冠者都会着重谈到解脱。史蒂夫·雷德格雷夫在 1996 年亚特兰大奥运会上为英国赢得唯一一枚金牌。赛后，他在一档著名访谈节目中谈到了他所经受的巨大压力。对任何人来说，刚刚赢得一枚奥运金牌没几分钟就接受采访毫无乐趣可言。这次访谈以现在颇为著名但也颇为不吉利的一句话结束："今后，如果你们当中有任何人看见我再靠近赛艇，可以立即把我干掉。"

哈钦森更加深入地探究了夺冠者们情感起伏的现实：

> 你夺冠的次数越多，如释重负的感受越深。夺冠时单纯的喜悦是持续时间最短的情感。对于绝大多数在精神上极具竞争力、选择体育这样"烦琐但又艰难"的行业作为职业的人来说，当"老"到可以投票时，他们职业生涯中的纯粹享受阶段或许已成为一段消退

的记忆。这个阶段先是淡化为成就感，不久演变为满足感，最后彻底转化为一种呼啸而过的解脱感：他们终于成功了！生命在琐事细节上精益求精，追求卓越的每一天、每一周、每一年都没有虚度。

奥运会赛艇冠军汤姆·兰斯利（Tom Ransley）一再提及他参加里约奥运会时体验非人道残酷竞争后的解脱。他说，当他坐在出发线上时，感觉自己就像"一台只是实现自身功能的机器"："夺冠就是执行演练过无数遍的流程，是肌肉记忆，应该胜算在握，任何其他结局都是失败。这就是绝大多数大牌冠军给人一种如释重负感觉的原因——纯粹的逃避。一切都结束了，冠军到手了。"

安德烈·阿加西（Andre Agassi）[1] 在其自传《敞开心扉》（Open）中，披露了他夺冠的妄想，描述了他赢得期待已久的大满贯（Grand Slam）冠军时的感受，令人难以忘怀：

> 他们喊了我两年骗子后……把我捧上了天……但我并没有感到温布尔登改变了我。事实上，我感觉自己被带入了一个下流肮脏的秘局：夺冠没改变我任何东西。既然我赢得了大满贯，所以我掌握了地球上只有极少数人才知晓的事情。获胜后爽的感受远不及出局后懊恼的感受，并且爽的感受也不及懊恼的感受持续时间长。这两种感受并非势均力敌。

如果这是部分夺冠者的感受，那么其他奖牌获得者是怎么想的呢？首先，让我们看看最接近冠军的银牌获得者的情形。五次参加奥运会的英国运动员

---

[1] 安德烈·阿加西，美国网球选手，曾获 60 个冠军、8 次大满贯冠军，世界优秀网球选手之一。——译者注

凯瑟琳·格兰杰（Katherine Grainger），将她在北京获得第三枚银牌时的感受说成"如丧考妣"。其赛艇队队友、桨手安妮·弗农（Annie Vernon）在这组运动员中收获了自己的首枚奥运奖牌，她说是"留下了将带入坟墓的遗憾"。赛前，这组选手肩负巨大压力，人们对她们夺冠寄予巨大的期望，希望她们成为首个夺得奥运金牌的英国女子赛艇艇组。在北京奥运会前，她们在三年中获得了三次世界冠军，并且在北京奥运会 2000 米比赛中，前 1750 米一直处于领先位置。看到最后的结局简直令人心碎，参赛艇组、记者、体育评论员和专家的反应全都是负面的。队员们在颁奖仪式上一直泪流满面。一项研究表明，银牌选手所承受的压力似乎能缩短他们的寿命，这不足为奇。

英国跆拳道奥运选手鲁塔洛·穆罕默德（Lutalo Muhammad）在里约奥运会获得银牌后扑入父亲怀中啜泣，他告诉英国广播公司："这是我一生中最黑暗的时刻。"六个月后，他说："我一直在想里约到底发生了什么。它伤透了我的心。也许我永远不能从这样的伤害中恢复过来。"

美国喜剧演员杰丽·塞恩菲尔德（Jerry Seinfeld）以诙谐的口吻嘲讽了公众对亚军的看法：

> 我想如果我是奥运选手，我宁愿垫底也不想赢得那枚银牌……你想啊，得了金牌，你感到爽极了；得了铜牌，你会觉得多多少少得到了点东西；但你获得银牌，那简直就像是对你的祝贺：你差一点儿就赢得冠军。银牌得主位于失败者群体中首位，是最大的输家。

其他奖牌获得者的情况如何？有趣的是，铜牌获得者彻底扭转了这种常人看来匪夷所思的局面。一项研究表明，铜牌得主在领奖台上比银牌得主开心得多。就铜牌得主而言，获胜的"相对化"和参照物——即比赛成绩取决于你与身边其他人相比做得如何——对他们有利。银牌得主通常因未能夺冠而扼腕叹息，铜牌得主则不同，他们将自己与第四名进行比较，结局是接受第四名选手的祝福并收获满满的幸福感。多年来，对"银牌综合征"的研究深深吸引了众多研究人员，他们的研究成果凸显了我们用以定义成功的准则和设定初始目标的重要性。

领奖台的背后还隐藏着无数落败者和缺少自我价值感的选手的故事。加拿大赛艇选手贾森·多兰（Jason Dorland）描述了他和队友在汉城奥运会决赛获得第六名后崩溃和麻木的惨状："参加奥运会却没有带回金牌就意味失败，多年艰苦训练的汗水化为乌有。"英国赛艇运动员约翰·科林斯（John Collins）在里约奥运会结束四年后接受采访时谈到，他从奥运会两手空空归来的噩梦如何一直以"他不曾预料的方式萦绕在他的心头"。

只需回想一下英国奥运代表团飞抵英国时电视新闻中的几个简单画面：获得金牌的运动员乘坐英国航空公司的头等舱归来，抵埠时从前悬梯下机，在悬梯底部让等待已久的各路记者拍照留念。代表团的其他成员则乘坐经济舱回国，从后悬梯溜下飞机，没人关注他们，他们通常会因感到尴尬、丢人而有意躲避。如果我们根据运动员的表现而不仅仅按照他们的成绩做出判定，那么这个机舱中所有的乘客都有光彩照人、难以忘怀、激动人心的一面，但人们对名次的执着，瞬间让这一切大打折扣。

迈克尔·哈钦森十分关注那些没拿到奖牌的选手们的实际状况：

> ……由于没人真正向他们发问，所以很难了解他们是怎么想的。是他们竭尽全力、做了某些他们愿意做的事情而得到了个人的满足吗？还是痛彻心扉的失望？抑或二者兼而有之？这是一个两难的问题，因为成功通常容易确定，而定义失败则复杂得多。

这里，哈钦森指的是涉及谁赢谁输的外部认可，以及这种认可如何对运动员的感受产生影响。还有一些人在纸质媒体或在线上对运动员做出判定完全取决于该运动员在比赛训练中是否竭尽全力，丝毫不考虑在激烈的比赛中运动员是怎样想的。社交媒体的出现只是增加了外部评判的数量，而这些铺天盖地的评判正是澳大利亚奥运游泳冠军凯特·坎贝尔（Cate Campbell）在里约奥运会余波中沦为牺牲品的根源。

坎贝尔作为最热门的夺冠选手来到里约，就是要赢得女子 100 米自由泳决赛的金牌。她是奥运会、世锦赛和英联邦运动会的卫冕冠军和纪录保持者，但在里约奥运会她只获得了第六名。在里约奥运会"表现失常"后，她饱受那些成为已跃居评判标准的"键盘侠们"的折磨。两年过去了，她仍然难以彻底忘却那段不堪回首的经历。她在网络上曾写过一封公开信，描述从里约奥运会归来后的"一段离奇经历"："我参加奥运会本身就预示着我会实现你们的目标，令各位的美梦成真，成为一名胜利者，而结果我却成了澳大利亚传播失败的海报女孩。在失败中我感受到了这一点，我是个失败者。"

坎贝尔的经历表明，夺冠是如何轻而易举地与对运动员的身份绑定在一起的。因此，运动员每年的绝大多数周、每周七天、每天 24 小时在一个随时测量评估其价值的训练环境中接受训练，尽其所能争取做得最好，一点儿都不值得大惊小怪了。但是，运动员的表现和他们的自我价值与社会价值之间有一条重要的分界线。尽管运动员要达到最高运动水平需要付出最艰苦的努力和全身心的投入，但运动员和教练必须努力，刻意将运动员的个人价值与运动成绩区分开来。一旦这条分界线缺失，夺冠的心理平衡就会被打破。问题不再是成为世界上最优秀的拳击选手、赛艇选手或自行车选手，不再是成为你所从事运动项目的顶尖技术专家，不再是在你选择的运动项目上突破人类所能承受的极限。夺冠注定与运动员的自我价值、自尊联系在一起，与证明他们的存在联系在一起。

关于运动员特性的这种观点是体育心理学重要的组成部分。（多年前）当我初次入选英国赛艇队时，我异常兴奋，这大幅提升了自己的运动层级，从大学和俱乐部水平一下子提升至奥运会水平。但看到女队的教练竟然是兼职且装备极差时，我简直目瞪口呆。在训练营地，女队全体队员每天不得不在下午外出训练，而这正是一天中风大浪急之时，要想心无旁骛地提高技术水平谈何容易。女队教练的汽艇配备一台经常抛锚的发动机，这让女队的训练雪上加霜。我向管理层反映这个问题，但没人搭理我，后来被告知女队不是英国赛艇队保证的重点，因为女队从未有过夺冠纪录。"你算老几，竟对这个问题有看法？你们女队拿过多少世锦赛冠军或奥运会金牌？"回答肯定是一无所有。对我影响最大的并不是装备差或缺少支持，而是迫使我缄默并蒙羞的方式。我没有获得过奖牌就等同于我没有话语权。这是一段令人无比沮丧的经历，久久挥之不去。

我的经历清晰地表明，比赛失败同时意味着个人价值在其他方面的损失，最明显的例子就是每次比赛结束后返程途中那令人生畏的"机场取票时刻"。在参加国际赛艇赛事时，英国赛艇队所有人员会以团体的形式一同旅行，赶往比赛举办地。出发时，我们抵达机场后每个人领取各自的机票，大家对赢得周末的比赛既兴奋不已又紧张兮兮。领取回程机票则是另一番景象。领队手里攥着所有人的机票，我们只能挨个找他领取。他往往站在靠近出港服务台不远处显眼的地方，现场有一种未曾说明但又清晰无误的机票派发次序。通常，冠军得主最先领取机票——胜利鼓舞着他们插科打诨，奖牌在衣兜里叮当作响，拿到机票时领队还开心地拍拍他们的后背，送上赞美之词。那些没能拿到名次的队员则要慢慢等待，他们东游西逛，好不尴尬。这就像是对未能夺冠者的额外惩罚。一场令人失望的比赛结束后，我的情绪已低落到我认知的极限，对自己灰心丧气，发疯般地探求失利的原因，以便找到下次比赛中划得更快的解决办法。我真的不需要不开心的任何额外理由。这些没完没了的等候时刻似乎进一步强化了我的认识，即这一切不仅仅是赛场上表现不佳，它让我更加觉得我的个人价值在这个周末不知不觉地被削弱了。现在，英国赛艇队的机票已不再用这种方式分发，但回想起来，它提醒我，看似不起眼的习俗会造成多么大的伤害——在这种情形下，我的自信和情绪已经从下次比赛划得更快的目标上转移到了别处。

我第二次参加奥运会是 2000 年悉尼奥运会，得了第九名，我感到自己是一个彻头彻尾的失败者，都不好意思与前来观赛的英国粉丝开口说话。尽管在那次比赛中我拼尽全力，或许比以往或之后的任何比赛都更拼命，但最终还是输掉了比赛，令我羞愧万分。落败的原因不计其数——但总有这些因素：可见的、模糊的、可控的，以及不可控的。在我经历过的奥运会比赛中，无论我们怎样奋力划桨，我们的目的并不是把船划得更快。这正是体育的魅力之处和可怕所在，那个高深莫测的未知因素决定着比赛时间、奋力拼搏和团队合作是天衣无缝还是乱作一团。悉尼奥运会后的一年多时间里，我陷入了绝望的深渊，这已经远不止将自己曾经是一名优秀赛艇选手的想法深藏在内心深处那么简单，我苦心积虑地思索自己还有什么价值。

运动员面临的福利待遇挑战

如果运动成绩是衡量运动员成败的唯一标准，那么，当运动员的成绩不理想或干脆彻底无望时，他们转入其他行当就会困难重重。无论是赢是输，运动员退役后规划未来生活的投入不足，导致他们在福利和转行方面的危机，这些问题直到现在才开始按部就班地加以解决。长期以来，在高水平体育项目中，也包括目前一些劣势项目，教练、俱乐部和更广泛的体育界仍不承担保障运动员退役后福利的责任。

2018 年，英国广播公司进行的"体育现状"民意调查特别指出，竟然有"超过一半的前职业运动员对他们退役后的心理或情绪健康表示担忧。"安永会计师事务所（Ernst & Young）的研究报告显示，40% 的运动员退役后在五年内破产，离婚率也大体相同，三分之二的受访者承认存在精神健康方面的问题。在这份研究报告中，2008 年北京奥运会赛艇冠军和 2012 年伦敦奥运会亚军马克·亨特（Mark Hunter）解释说："我在伦敦奥运会上以毫厘之差痛失金牌，万分遗憾。我花了好几年时间才淡忘了这次失败。运动没给我任何帮助——伦敦奥运会后，大门敞开，我迈开大步走了出来，别了！这一切就像一条新星崭露头角的传送带。"

2017 年，英国政府资助了一项有关运动员福利的评估，为期一年，最终集结成一份名为《体育领域中的注意义务》（Duty of Care in Sport）的报告，这项评估由女男爵坦尼·格雷–汤普森（Baroness Tanni Grey-Thompson）牵头。这份报告论述了"关于当前运动员的福利与夺冠之间的平衡是否恰当，以及我们打算将什么接受为一个国家具有挑战性的问题"。该报告序言指出："夺取奖牌固然十分重要，但不能以牺牲对从事体育的运动员、教练员和其他相关人员的注意义务为代价。"

这份报告和相关媒体采访过的运动员经常谈及，当高度组织化的运动生涯结束时，他们有一种从悬崖边坠落的感受。如果运动员由其所从事的运动项目定义，且他们的发言权最终取决于运动成绩，那么他们就会感到自己被禁言或被压制了。

我们来审视一下成功怎么会以如此狭隘、短视的方式被加以定义。媒体急切地呼唤即时出现的英雄，根本不情愿展现运动员职业生涯的盛衰起伏和他们的长期进步（包括失败）的历程。为运动员提供资金和赞助通常根据其本年度世界排名或上赛季联赛表现而定。教练需要运动员的短期成绩保住饭碗。所有这些因素都迫使运动员和教练员必须做到心无旁骛，更加关注短期成绩。

教练和竞赛主任通常会出于好意一心要保护运动员免受退役后所面临的各类问题的干扰，为了不让运动员对外界的诱惑分心，他们都不遗余力。对精英体育的生态环境的描述其实就是从吃苦、牺牲、奉献到最终获胜的故事，紧紧围绕着"我热爱我的运动项目，我的运动项目是我生命中的一切。没有什么比它和夺冠更重要的"这一简单的逻辑展开。但是随着时间的推移，急功近利对运动员的影响变得更加复杂，这迫使他们即使在比赛时既要考虑成绩又要顾及福利，也迫使他们牵挂职业生涯结束后转行开始新生活的问题。基特里娜·道格拉斯（Kitrina Douglas）[1]的研究强调，应当允许运动员通过讲述不同的故事，走出上述循环叙事，培养一种"多维身份和自我意识"。

我仍能记得有某些赛艇教练对我现在仍在研修的硕士研究生学业所持的怀疑态度。有些人认为我攻读研究生会让我分心，威胁我的训练和比赛成绩。对我而言，研究生学业就是生命线。我紧抓学业不放，把它们当作我与赛艇运动之外生活的宝贵纽带，是我自己能掌控且不由体育运动学家评判或仰仗每日排名决定的事情。从事研究是我最大的愿望，会给我的生活带来些许平衡。对我而言，赛艇运动永远是第一位的，从事研究则永居第二，对此我心知肚明，坦然接受，没有其他折中方案。但我刻苦用功，毫不放松学业研究，我相信这些研究有助于我维持心理健康，尤其当我运动成绩下滑的时候。它们对指导我退役后转入另一行业也至关重要。

在英国，英国体育协会（English Institute of Sport，EIS）帮助奥运会和残奥会运动员预先安排退役后的生活，随着对其生活方式顾问与日俱增的认可，

---

① 基特里娜·道格拉斯是英国女子高尔夫球选手、哲学博士。——译者注

即认为这是运动员成绩、福利和支持中一个至关重要的因素，生活方式顾问的角色不断提升、活动日益频繁。从文化意义上说，它仍被广泛视作"软"支持，居"硬"训练之后。此类支持一般仍围绕实际训练量身定制，而很少相反，否则就会有影响正在接受的所急需各项援助的风险。

2020年东京奥运会的延期给奥运会和残奥会运动员生活及训练等各方面都带来了十分不利的影响。由于受新冠疫情毁灭性的影响，原本确定的奥运会最后的举办日期和议程变得悬而未决。这是考验运动员的时刻。那些只专注体育运动的选手不得不费尽千辛万苦调整自己；而其他一些有着较为平衡生活方式的运动员则对我说，奥运会的延期为他们提供了以不同方式发展的机会，这段时间较长，可以用来学习和提高（尽管对那些处于运动生涯末期的选手来说，这毫无疑问很艰难）；还有一些运动员则很高兴，因为他们可以借这个时机重新与朋友、家人、当地俱乐部和社区加强联系。对他们来说，以前似乎没有这样的机会。对大多数运动员而言，他们第一次有时间沉下心来认真思考其运动生涯蕴含的更宽泛的意义。

教练和运动员每天赖以遵循的固定日程表被彻底打乱了。一些教练和运动主管承认，这种状况为运动员生活的再平衡及大幅加速精英运动圈所需的文化转型提供了机会。

对所有人来说，期待2020年的英雄们——挂着奖牌和抱着奖杯的奥运会、残奥会冠军和欧锦赛夺冠球队队员——如今被戴着听诊器的医生和护士所替代，这无疑给他们对于体育和其他方面的看法和价值观带来了有益的变化。

夺冠：体育运动的头等大事

体育如何演化成我们今天所看到的样子？体育的英文词"sport"源于古

法语"desport"，意思是"闲暇"，最早的定义始自 1300 年前后，指提供消遣或放松、娱乐和乐趣的活动，也可以指"安慰、抚慰和安慰物"，与今天体育的含义全然无关。随着岁月的变迁，体育分为了两种：第一种是消遣性体育，延续了体育原有的消遣、爱好和娱乐的含义；第二种是竞技性体育，不断突破极限的边界，关注谁能更快、更强、更好，越来越为商业的主宰力量所利用。竞技体育的商业化已经使它的全球身价高达数百亿美元。巨量的国际赞助交易使各赞助商的商品品牌覆盖无数观众，将这些品牌与夺冠者的英雄壮举从视觉角度联系了起来。

商业化和组织化的现实意味着大多数精英体育团队和机构为了生存必须在短时间内夺冠，这样做有两个目的：一是获得政府资金的申请资格；二是吸引商业赞助并签订广播电视转播合同。正如迈克尔·哈钦森提及英国自行车队时所总结的："这是一个运动队最明确的目的。它的使命就是夺冠，不是帮助任何特定的人实现其个人最大的价值。这是达尔文主义。"

在 1996 年的亚特兰大奥运会上，英国奥林匹克运动陷入危机时刻，整个英国代表团只获得一枚金牌，位列奖牌榜第 36 位，这是整个国家的耻辱。英国需要另辟蹊径再创辉煌。为此，新的机制建立起来，为英国奥运体育投入源源不断的资金支持，聚焦开发新的"夺金思维"。

新战略对奥运会项目的投入条件很简单：谁能拿奖牌，钱就投向谁；拿不到奖牌，分文皆无。英国体育（UK Sport）正是为监管资金投入和关注英国奥运会和残奥会运动队的成绩变化而设立的机构，该机构曾开诚布公地宣布：对第一轮比赛就被淘汰的运动队或未曾获得任何奖牌的运动员，将不再投入资金。这在当时被自豪地描述为"不妥协"政策，表明英国的体育理念从"勇敢的落败者"到"英雄的夺冠者"的变化。从现在开始，成绩才是老大。毕竟，这才是体育的价值，不是吗？之所以有这样的改变，是因为他们认识到过去所做的一切都错了。

从那时起，英国在争金夺银方面取得了令人瞠目结舌的成绩：2012年伦敦奥运会收获29枚金牌，2016年里约奥运会列奖牌榜第二位（尽管《奥林匹克宪章》的条文在有关"团结"的章节中明确规定，竞争只在运动员个人和参赛队之间展开，不在国家间进行）。按上述各项标准衡量，英国所做出的改变证明，现行体系取得了巨大的成功，找到了夺冠秘诀。不过事情从不会如此简单。人们密切关注奖牌的数量，但夺得奖牌的历程则鲜有人关心和回顾。在一切围绕奥运会成绩的初期，文化是人们很少谈及的概念。不久，霸凌，即缺乏心理安全的问题，成为人们谈话的内容。同时，各种关于虐待、性骚扰和抑郁症的流言蜚语开始不约而同地冲击媒体，在2016年里约奥运会前后达到顶峰。

里约奥运会后，英国体育的负责人利兹·尼科尔（Liz Nicholl）公开承认，许多重大的文化问题已大白于天下，认为"在一些奥运会、残奥会项目和其他体育项目中存在非常不恰当和完全不可接受的行为。每个实例本身都令人十分不安，整个体育界都能感受到它们带来的冲击波"。随着大量对恫吓文化——充斥从自行车到雪橇等运动项目的"有毒氛围"和"恐惧文化"——毫不掩饰的指责，人们对体育领导力的完全缺失、文化结构或价值基础体系提出了批评。

我们在国际上也能看到同样的现象——取得非凡成就的高水平体育运动文化隐藏着有毒文化。举例来说，这种文化容忍美国体操队的一名队医对多名队员进行性侵，或者在整个俄罗斯体育联盟中系统性地服用兴奋剂。

这些被披露的事例尽管使监管机构和其他体育组织认识到夺得金牌的方式的确非常重要，但也让他们知道了自己的职责所在。许多运动队正纷纷公开改变他们的表达方式和具体做法。英国、加拿大、澳大利亚和美国纷纷开始明确阐述告别"唯奖牌"论的具体做法。2020 年，美国奥委会修改了其使命宣言，开始关注运动员获得"持续的竞争优势和福利"，首次提出了运动成绩与运动员福利一并考量的要求。加拿大奥林匹克代表队则在其重塑的价值观中走得更远，宣称"运动员通过准备、竞争和团结协作获得的人生技能和体验远比曾获得的所有奖牌更有价值"。

这些改变是对顾拜旦男爵原始思想的回应。当然，正是人们将这些价值观变为现实的努力，才能真正决定未来不同之所在。这需要所有教练、体育领导者和运动员的长期奋斗和不懈努力，共同创造人人"力争最佳"的体育文化。

为了赢，舞弊也在所不惜

当夺冠被当作体育运动的单一目标——"唯一重要的事"时，运动员情愿付出的代价也随之增大。夺冠的渴望促使他们做出一些令人不齿的卑鄙行为，这些行为与体育所能代表和所应代表的理想、与顾拜旦男爵孜孜以求的人生哲学、与所有持久成功的定义相去甚远。"不惜一切代价夺冠"文化的至暗面导致五花八门的舞弊行为，如提供兴奋剂资金、操纵比赛、服用生理性兴奋剂或蓄意破坏竞赛规则等。尽管违反兴奋剂的行径遭到几乎众口一词的抨击，但是足球迷和赞助商似乎都对主力队员每周比赛中的假摔和蒙骗裁判的伎俩习以为常。

烦扰欧洲各足球俱乐部的财政公平问题对它们构成严峻挑战，促使它们为赢得欧洲足协联盟冠军联赛（Champions League）冠军（能带来足球界最为丰厚的回报）铤而走险。欧洲足球协会联盟（Union of European Football Associations，UEFA）的财务公平规则持续引发争议。英国足球超级联赛

（English Football Premier League）和英格兰橄榄球超级联赛联盟（Rugby Union Premier League in England）都证明，为赢得下赛季联赛订立刚性、不容忽视或不被操纵的财务公平规则谈何容易。

在残奥运动领域，除有不少针对运动员为获取竞争优势操纵残疾认定程序和虚假描述自己的残疾程度的指控外，参加残奥会运动员的残疾程度分类本身也面临越来越多的挑战。这对体育主管部门提出了双重要求：既领会这些问题，又要在每次国际大赛上赢得更多奖牌。

仔细审读规则手册，有一点清晰无误，那就是任何试图修改"冠军只有一个"这一黄金法则的人也会被人们视为骗子。时光退回到 2016 年，英国奥林匹克铁人三项选手阿利斯泰尔·布朗利（Alistair Brownlee）在墨西哥举办的世界铁人三项系列赛（Triathlon World Series）中，毅然选择帮助精疲力竭并严重脱水的哥哥容尼一同冲过终点线。这一举动引发了两种截然不同的反响：一种是观众情感和本能的反应，他们目睹兄弟情义超越夺冠的渴望而备受感动；另一种是体育主管部门的惊讶错愕——夺冠的欲望居然甘拜下风！国际铁人三项联盟（International Triathlon Union, ITU）[①] 随后修改了规则，禁止运动员之间这样的帮助。因此，2019 年在东京举办的世界铁人三项奥运会资格赛上，当两名英国铁人三项选手杰茜卡·利尔蒙斯（Jessica Learmonth）和乔治娅·泰勒–布朗（Georgia Taylor-Brown）手牵手冲过终点时，她们因违反国际铁人三项联盟之 2.11.f 规则而未能获得东京奥运会参赛资格。该规则规定："两名或两名以上运动员以故意联结在一起的方式冲线，在他们没做区分他们之间冲线时间的情况下，都将被取消资格。"根据规则，两名运动员

[①] 国际铁人三项联盟于 1989 年成立的国际体育组织，旨在推动铁人三项（游泳、自行车和长跑）和两项（自行车和长跑）发展。1994 年国际奥委会将铁人三项列为奥运会比赛项目，现有会员 87 个。——译者注

像绑在一起似地同时冲线的精彩运动表现以及竞赛选手间互相支持的行为被明确禁止。

作弊的代价高昂，其中一些较为明显，而另外一些则比较隐蔽。取消资格和禁赛显然不是运动员、观众或赞助商想要的结果。长期以来，从德意志民主共和国（前东德）（German Democratic Republic，former East Germany）对运动员令人震惊的虐待行径，到无数靠违禁药物助力而获得环法自行车赛（Tour de France）冠军的得主，运动员个人和体育界更大范围的声誉遭受了巨大的伤害。

许多运动员执迷于不惜一切代价夺冠，最著名、最惊险、最具破坏性的一个例子是本·约翰逊（Ben Johnson）在 1988 年汉城奥运会男子 100 米决赛中的比赛方式：

> 跑道上是世界上七个跑得最快的人，但与他们一起跑的第八个人令他们全都黯然失色。不可思议，是的。用略微骇人的方式说，惊天动地……本·约翰逊的奔跑似乎偏离了自己的人性。他最后两大步飞一般冲过终点，右手食指指向天空，头颅高擎，肩颈拱起，直指骄阳：一个偶像瞬间产生。冠军收入囊中，但代价呢？

本·约翰逊陶醉于闪耀的荣光中，但这种荣光只持续了 55 个小时。他余生一直生活在耻辱中，他给男子 100 米跑这个运动项目的声誉造成的损害久久挥之不去。那次比赛过后，约翰逊忍受着抑郁症一次次发作的痛苦。2011年他接受了理查德·穆尔（Richard Moore）的采访。理查德·穆尔描述了"他遭受惨败的痛苦依然印刻在脸上，他的愤怒暴露无遗"，死抱着他是世界上跑得最快的人的结果——尽管依靠类固醇药物的支撑。

奥运会项目之外的板球运动也有过操纵比分的情况，发生在澳大利亚板球队 2018 年赴南非的巡回比赛中，该事件震惊了世界。作为管理机构的澳大利亚板球协会（Cricket Australia，CA）委托设在悉尼的伦理中心进行独立调查，以查清事情真相。伦理中心得出的结论是，"不计代价赢球的文化"是这一事件的罪魁祸首。队员在报告中描述到，感觉他们像是一部"被精确调适、唯一目的是赢球"的机器上的零件。领导层为此承担了责任："澳大利亚板球协会的领导层也应为他们的疏忽（但这是可预料的）错误担责，他们忽视营造并支持一种平衡文化，即夺冠愿望由与之对应的对道义勇气和伦理约束的责任加以制约的文化。"

正如一名澳大利亚板球协会职员评论的那样："我们痴迷于成为第一，但这是傻瓜的金牌。我们理应致力于使板球成为每一位澳大利亚人都能为之感到骄傲的体育项目。"但是，在对阵开球线的某个地方，获胜的需要战胜了使板球运动成为"每一位澳大利亚人都能为之骄傲"的体育项目的这一更加宏大的目标。这是又一个追求短期成绩、片面追求夺冠的典型事例，从长远看，这种做法对所有相关人员都将造成巨大伤害。这份调查报告还将体育文化和银行文化进行了比较，着重指出，澳大利亚板球协会在追求比赛成绩的过程中，对创建并维持伦理的约束能力重视不够。

体育界还有很多舞弊传言，不管最终能得到什么，舞弊的动机就是夺冠。通过舞弊获得的大部分好处十分短命，但其危害弥漫在整个体育界乃至整个社会的上空。

精英体育对基层体育的负面影响

在本章中，我们用大部分篇幅讨论了精英体育。那是人们能看到最显眼的角色榜样的地方，也是各种夺冠和落败极端情况的展示之地。当然，在基层体育的背景下思考获胜也十分重要。

世界各国的学校、业余俱乐部和业余运动队往往一味效仿精英体育模式，因此，它们与精英体育面临同样的问题也绝非巧合：执迷于夺冠，不惜任何代价；指责落败者；企图作弊；不重视平衡文化，等等。

为弄清数量庞大的女性不参加体育运动的原因，英格兰体育协会（Sport England）进行了一次调查，揭示了其中的一些障碍。功成名就的精英选手们远在天边，事不关己，高高挂起，而糟糕的学校体育运动经历则有很多问题需要回答："许多女孩离校时对体育灰心丧气，她们的态度通常是'你要么是白痴，要么不是白痴'。"

让小孩在整个青少年时期一直从事体育运动已成为所有发达国家所面临的一项迫切挑战。这些国家急剧增加的人口肥胖、糖尿病和健康水平低下，给医疗保健系统带来了巨大压力。女孩、残疾儿童和少数民族族群的辍学率极高。

很多教练和老师向学生灌输，生活的意义在于战胜本市另一边的那所学校，还说不管你们怎样比赛，只要能赢就行。这样的故事我已听过无数次。将越来越多的精力投入到"找出未来的天才"，同样意味着我们已不再出于乐趣而对体育提供资金支持。但许多研究表明，体育需要提供乐趣才能吸引孩子们参与其中。在一项探究乐趣起因的研究中，获胜排在第 48 位。当被问及怎样才能使体育充满乐趣时，前四位的答案分别是：努力、积极的团队活力、正向指导、学习与提高。

毫无疑问，要让体育运动充满乐趣，需要家长、学校教师、俱乐部教练和无数志愿者共同做出更多努力。许多人在想方设法解决体育组织的注意义务问题，这些体育组织最近才意识到要承担它们的责任。除了显而易见的安全保障优先事项外，还需要在开发情感韧性、领导力、福利及运动技术和运动中保持身体健康等方面的诸多专业知识。太多的青少年对体育失去了兴趣，开始深入了解造成这种现象的原因并鼓励全社会共同努力解决这些问题已刻不容缓，且十分必要。

对竞技体育夺冠的全景式反思

体育世界远不是金光闪闪的竞技场。在竞技场中，高光表现背后的秘密屡屡被破解，成功是金，熠熠生辉的永远是夺冠者。无论是在径赛中第一个冲线，还是在田赛中投掷得更远，夺冠的现实似乎并不如传统正面形象所提示的那么光鲜。如果夺冠者都会感到平淡和空虚，而败北者则认为自己毫无价值，那么，我们的体育环境有什么东西真的需要变革吗？对许多人来说，第一个撞线只带来瞬间的满足感，除非有与那一刻之外更加深刻、更有意义的东西密切相连。在本书的第三部分，我们将回过头来从更广阔和更长远的视角，审视重新定义成功的重要性。

现在可以明确的是，体育蕴含重要的未开发潜能，可以成为人们身心健康非常有效的推动力、探求人类潜能更积极的手段、团结全社会的强大力量。我们尚有很大空间去开发体育在终点线后依然持续的成功、为将来提升运动员的成绩和福利而重新定义获胜的含义，以及更加全面地探求体育的潜能从而给社会带来积极变化。

商业常常期待体育成为榜样的源头和胜利的象征，从而效仿学习。在下一章，我们将讨论如何将夺冠的相似情形运用在商业领域。

第 7 章

"独占鳌头，唯此为大！"：商业经营中的争胜意愿

"你能够帮助我们获胜吗？"每每应邀与一些公司进行合作，我遇到的第一个问题总是这个。我也一成不变地以问代答："你们到底想赢得什么？目的何在？"这时我们之间的问答或许会稍有停顿，甚至会有一丝困惑。有的时候，问题又会被踢回来："难道想获胜还不够吗？""难道企业所做的一切不就是为了获胜吗？"其他人则坚称要赢得不言自明、无须额外解释的目标——商界第一、行业最佳，或许还想拿个行业奖项。他们当中有些人回答说想取得多少百分比的增长或多少利润总额，还有一些人在调查问卷中回答说成为最佳雇主是公司的优先考虑。如果我的上述提问此时尚能被人容忍的话，我会继续提问："你和你的公司凭什么能成为第一呢？""成为行业第一，你们又能为世界带来什么积极改变呢？"对此，清晰准确、意义深远的回答却凤毛麟角。

我一直在探究一家公司内部的目标意识究竟在多大程度上存在。那些日常思维定式、行为举止和交流会话所倚仗的根本目的和动机是什么？这些目的和动机往往主要关注竞争和排名，助推了围绕自我意识、地位处境和短期回报建立起来的"获胜迷思行为"。我运用了各种各样团队拓展活动来探索这些行为。活动开始前，参与者往往已听过不少演讲嘉宾谈论有关领导能力、组织文化和如何组建一个高水准团队的话题。所有人在顶层商业领导特有的素质、思维方式和行为特点方面往往能达成强烈共识。当我提及大家需要采取学习姿态、挑战臆断专横、聆听他人并进行反思时，每个人都严肃地颔首

赞许。但仅仅几分钟后，当我们进入团队练习环节时，截然不同的一幕发生了。

参与者几乎毫无例外地都扑向我给他们布置的任务。他们毫不在乎任务的性质，心中推断着任务存在的竞争性，最重要的是"获胜"，根本不考虑周围其他人的观点和感受。"努力获胜就是一切"的理念随时显现，但并没有真正考虑到底要赢得什么。我不在场的情况下，他们往往宣称本次活动的目的就是获胜。仅将一个组拆分为若干团队的做法似乎就他们当作是造团队之间的竞争意识，而不是相互合作和彼此有配合意识。一个不言而喻的假定是，借用另外一组的观念就是欺诈，而他们自己以往的经验将为他们指明做事的最佳方式。

我们领悟合作的含义的方式值得反思。正如在第 2 章和第 5 章中所见，我们扩展了将合作视为积极的还是消极的假定。在学校里，合作被错误地定义为听话，而且在学校环境中，真正合作的努力被诠释为分心，甚至欺骗。久而久之，分享信息、讨论答案成了整个儿童时期不允许的行为，如果不对这种行为进行反思，那始终会令人惴惴不安，无法释然。

活动过程中，有些人开始明白真正的任务是什么。当队员们突然意识到他们的假定完全徒劳无益时，就会发出"啊哈"的顿悟感叹。这种情况往往在我将活动暂停几分钟、让参与者有时间进行思考时出现。他们开始注意到，他们无意识的思维或许导致了他们的某些做派，如拒绝合作或忽视他人的意见。这些做派通常根深蒂固，或许是从中小学校、大学和现在的工作场所学到的，在这些地方，一个人如果想成功，想得到提升，想成为领导，似乎非如此行事不可。

这些团队活动极大地激发了大家对职业生涯工作方式的讨论，都认为他们在工作中尽其所能聚焦目标并以结果为驱动，而非以人为中心和以文化为导向。我们交流的另一个话题通常围绕我们是否常常为将一件事做到极致而不断努力，将其做得更扎实、更快捷，而不是探索尝试其他方式的话题而展开。我们因获胜（哪怕是在它并没有被设定为目的时候）的压力而扼杀了大量创新机会；紧接着，我们会认定我们正与身边的同事进行竞争，从而得出结论，不能与同事分享任何东西，以免帮助或支持了他们。

活动结束后（有时并没有产生任何产品或成果，这让那些习惯于做事就是为了获得成果的人非常沮丧），紧接着是一堂充满活力的问答课，其目的就是鼓励各种不同的思维方式，挑战固有的条条框框。我尽量引导大家围绕着事情发生的过程以及促使团队走向特定方向的思维定式和行为方式而展开回答。我的关注点是"如何"，检视思维定式、行为方式和人际交流的影响，但要让活动参与者的关注点从结果上转移出来却是一件难上加难的事。在现代职场，我们早已疏于分析自己的思考过程、检视与他人相互作用以及学习适应如何工作。固有思维往往令我们精于算计结果，对成败更是斤斤计较。

尽管存在"啊哈"的顿悟时刻，但要识别出活动在哪一点上出现了让一些参与者认识到需要改变自己的思维方式的提示，仍然困难重重。对他们而言，转回原有思维方式，识别出获胜者、最佳者，全力以赴锁定最终结果，往往更方便容易、更驾轻就熟。

在问答环节中，参与者使用的语言不断将对话引向对"结果"和"输赢"的讨论。虽然各队或许并没有达到目标（该目标绝没有围绕结果设定，而是设定为如何找到改进的最佳路径），但"我们真正赢了"却是异口同声的说法。尽管参与者们没有达到此次活动的目标，也没有回答为了该目标他们都着手做了些什么的问题，但有些参与者却仍然将注意力集中在要胜过他人那些毫无意义的感觉，有时甚至还编造出胜利的标准。斩钉截铁地说出"你（们）作弊了"常常是他们对优于自己的团队或用另类方式做事的人的指责。

这些指责就来自这样一些人，他们曾研究过什么是向上的思维模式（本书第 5 章已讨论过），以及它能给组织带来哪些重大利好。

许多参与者在职场上学到了不接受他人用不一样的、具有创造性或合作性的方式做事。活动期间，各种替代建议的声音常常要么得不到倾听，要么被有意忽略。如果对带有极佳观点的声音充耳不闻，如果认为从许多同事更广泛的智慧中汲取新的见解并不是获胜和强大领导力的关键所在，那就会对职场文化产生巨大负面影响。为助力提升整体业绩，企业必须努力开发多样性活动，提倡重信守诺。

尽管我（真心实意地）从未将这些活动设计成团队之间不能合作，但活动一旦分解到各队，大家就会有一个心照不宣、几乎一成不变的假定：团队之间必须相互对抗，决不能分享各自得出的好想法、好战略。我甚至有这样一种强烈的感觉，即他们往往会因别的团队失败而更加高兴，因为这样会使自己的团队更加光鲜照人。但这绝不是驱动组织行为和文化健康发展的正常心态。

参与者有时会指责我容许别的团队作弊，或者指责我在设计活动方案时就"欺骗"了他们。这种情况似乎表明，即使（也可能因为）有迹象显示他们误解或误判了这次活动，他们仍需要找到一种证明自己是某种意义上的赢家的方式。很多时候，他们都有一个没说出口的要求：自己没有（至少看上去没有）输。

"谁真正赢了"之类的言语可以持续整整一天，甚至更长的时间，令人十分震惊。尽管我不厌其烦地反复明确表示，活动的目的是了解自我，体会他们的行为如何被自己无意识的假定误导，反思自己的思维方式和行为方式，但他们中间居然还会充斥这样一个根深蒂固的假设："到一天结束时，一切仍然纠缠于一个字——赢"。在我们能够继续往下进行，以深入理解我们的思维定式是如何塑造我们的行为，以及改变我们的行为需要什么时，我们却仍在纠缠谁赢得了一项无所谓胜负的活动。

探究这些活动中到底发生了什么、打破根深蒂固的思维模式需要大量时间，而且往往十分困难，因为参与者和主办方都热切希望活动顺利推进，学到并记住更多的知识、理论和内容，不愿留出大把时间和空间去反思和适应我们的思维和行为方式。而在实践中，领导能力项目能让职场中的领军人物做出重大改变的例子凤毛麟角。本书的第一部分列举了我们自己人生中对我们产生历史性深远影响的事件，固化了我们对获胜的认知。行为改变绝非易事，也不会一蹴而就。这就要求我们不断反思、目标明确，挑战自己的假定，共同开发出新的替代性行为方式。

通常，在问答环节结束后，我会计划将活动推进到团队表现的另一个问题上来，或开始另外一项活动。但有些人仍等待着我给出明确结果：本次活动的最佳成绩以及谁是获胜者。我向他们说明活动与胜负无关，其目的在于让参与者以不同的方式工作，并指出假如这样的话，结果会好得多。但即使我说明之后，这样的问题还是或直白或隐晦地挥之不去：活动怎能真的与争胜无关，可能吗？这样的问题似乎说明，争胜观念根深蒂固，其他现实一律难以接受（我最大的担心是，在本书中汇集了所有的论据后，读者仍会换个表达方式说，没错，书中的确有一些好观点，但"还是关于获胜的老生常谈"，仍会从周围其他人那里得到确认……）。

鉴于有关获胜的一个段子极大地分散了人们对更有效的行为和更有用的互动的注意力，而它却历久弥新，令人好奇。该段子讲的是权力游戏和自我保护的动机。我们寻找帮助我们感到彼此维系和安全无虞的语言，这种语言与位高权重之人相匹配。但是这个段子却妨碍了我们学习，阻碍了合作互助，封闭了新思想、新观点。尽管它能使人感到安慰熟悉，但也往往令人思想荒废、视野狭隘。

商业领域的获胜思维定式

充斥我们历史典籍好几百年、描绘英勇胜利者和伟大战役的语言被无缝对接到了商业领域，也同样移植到了从杰克·韦尔奇到理查德·布兰森、从马云到埃隆·马斯克等一众商业领袖身上。这是一个英雄的世界，一个展现超人奋斗和力量的世界，而围绕它的是一个个令人热血沸腾的故事："大男孩"的传说、"能砍断它的人"的故事，以及"有胆魄做出重大决定的人物"的经典故事。这是一个自我更新、不断延续的故事，是传播这个故事的领导人的自我保护。任何挑战它的人都被当作"失败者""软弱和背叛"，或者一个不折不扣的"扶不起的阿斗"，瞬间就被淘汰出局。

公司文化受制于短期内获胜的竞争欲望，而内部竞争是其中一个强有力的推动因素，常常通过各种手段得以加强：强制发布绩效评估结果、月度员工计划、晋升程序、部门间奖金竞争，以及公布个人或团队的绩效排名。上述手段中的任何一项对某个员工或某个部门成绩的肯定都以否定其他员工或部门为代价。招聘新员工时，企业也往往选择那些如此行事之人，或者在他们入职的第一天就或直白或隐晦地让他们知道，要想做好，这就是做事之道。但斯坦福大学商学院的杰弗里·普费弗（Jeffrey Pfeffer）和罗伯特·萨顿（Robert Sutton）的一项研究发现，内部竞争的代价非常沉重，不单由个案中输了的人承担，组织中的全部利益相关方均不能幸免。普费弗和萨顿得出的结论认为，除在几乎没有相互依赖关系或需要学习和适应的工作环境外，广泛使用竞争并不符合情理。

商业活动中的这种运作方式正从根本上受到越来越多的质疑。2008 年全球金融危机使公众的目光聚焦到各金融机构领导人的思考和做事的方式上来。他们在追求利润和增长的简单商业活动格律中取胜的决心和意志无可指责，但在这些条件下获胜的责任使许多高薪的职业经理人做出了一些非同寻常的决策，并为此承担风险。金融危机是 21 世纪初众多危机中最明显的一例，它表明，追求大胜的驱动力如何能够导致大败，且不仅仅局限于金融领域。

"赢者通吃"文化的代价远不止资产负债表所记载的内容。然而直到最近，人们才开始敦促公司企业把眼界放宽——将社区、社会和环境放进考量范围之内。让我们回到管理咨询服务的初期，这些咨询服务由波士顿咨询集团（the Boston Consulting Group）、贝恩咨询公司（Bain &Company）和麦肯锡公司（McKinsey）等推动，那时企业战略的基本分析工具都将人、社区和文化排除在外，这个疏漏现在仍未被完全弥补上。

尽管存在一个繁荣兴旺、专门设计前所未有复杂战略的咨询行业，但一直以来，这些战略都倾向于关注短期效益，其快速调整的频率是最好的佐证。但当你置身事外采取客观公正的立场时，会发现相反的做法可能才是正确的。我们所面临的社会性和全球性的巨大挑战，要求我们现在比以往任何时候都更要考虑得长远一些。我们后面还会看到，聚焦最终目标并肩负长期使命的企业往往胜过对短期趋势反应灵敏的企业。

在我接触过的公司战略中，"获胜"一直是使用最多的形容词，被视为公司目标和良好年度业绩指标的简单表达方式，表示赢得了市场份额、打败了主要竞争对手。我仍能记得在一家全球性战略咨询公司办公室召开的一次会议，会议讨论的是某机构的战略更新。咨询师向大家介绍了在一页幻灯片上打印的"战略六步法"。这些方法都有道理，但就是没有令人血脉偾张的创新和非凡之处。当所有人开始认真审查这些方法并将其运用到面临的战略挑战时，我紧盯滑动在屏幕上幻灯片（PPT）播放的画面和语句。我多次审读文本，有一个单词在页面上重复出现的次数远远多于其他任何一个单词。我马上计算页面上不止一次出现过的单词，确认我的所见不存在偏差。我计算出的单词包括"战略""结果"和"变化"，但它们都不是出现最多的。经我反复计算后确认，比其他任何单词出现更多的是"获胜"。

这页幻灯片的标题就包含"获胜"一词："设计开发一个获胜战略"，接下来的详细介绍又有它的身影，描述的是开发出所谓获胜战略的六步程序。这六个步骤中的两个又在其标题中包含了它：步骤一的标题是"定义获胜渴望"；步骤三的标题为"定义获胜方式"。而标题下的、以小圆点表示的分项标题中，"获胜的"一词又出现两次：先是以获胜的方式（确定）组织的目标，然后是"在选定的竞争领域中（确定）获胜所需的核心能力"。

频繁选择"获胜"一词在多大程度上是有意为之令我十分好奇，但当我后来提出此问时，答案是明摆着的：

> 因为商场如战场。因为我们的客户在一个高度竞争的环境中运作，在那里，获胜就是一切。如果战略执行的结果最终不能获胜，再好的战略也分文不值。我们客户的竞争对手不可能停止争夺市场份额，也不会听任利润下降。所以，大家必须为获胜而竭尽全力。

竟如此斩钉截铁！这些回答说明这位咨询师对自己的观点深信不疑、成竹在胸。每段话的结尾只有句号，整篇没有一个问号。然而，散会后走向电梯时，我的脑海里却浮现出各种各样的疑问：这种观点的真实含义何在？他们想赢得什么？只是"全力以赴获胜"那样简单吗？简单一个获胜真的就能决定一切吗？假如它只是一个假定的事实，那为什么还要没完没了地强调它呢？假如企业战略不再坚持聚焦"获胜"，结局又会怎样？由于"获胜"一词每次都被重复使用，是不是还有别的更特定的词汇没被纳入考虑范围呢？假如咨询师的客户战胜竞争对手后，竞争领域出现新的搅局者，游戏规则发生改变，该如何应对呢？在这样的组织中工作有没有乐趣？

指标陷阱和增长魔咒

企业战略是以季度业绩财务报告和股东报告反映的企业经营变化情况为基础制定的。建立企业按季度发布财务报告的制度，是为了方便对企业财务状况进行更严格的审查，避免企业将来出现金融危机。这样做的初衷无疑具有积极意义，但在实际操作中却有些变味。第一，各大公司云集的行业目前都纯粹为提供各种业绩报告、更新 PPT 内容和添加新数字而存在，一个季度刚过，企业紧接着就开始准备下一个季度的财务报告。第二，企业将大量时间、精力转到短期财务指标上，很容易将长期决策搁置一旁，并很快忘得一干二净。而且，目前还没有一种考虑长远问题的相关需求来与这种现象抗衡。第三，这种周期往往导致企业首席执行官（CEO）任期的相对缩短。第四，文化产业等一些在季度之内不容易统计或变化不大的行业，往往被边缘化和被忽视。

英国《金融时报》（*Financial Times*）主编安德鲁·希尔（Andrew Hill）阐述了整个商业领域的一些假定，那就是一切东西都能用数字衡量——"凡是不能用数字估值的东西，都不需要管理，或者根本无法管理"：

　　……（目前存在）一种倾向，人们对目标、成效和计划等各种刚性因素的重视程度往往超过同样重要的软性因素，而软性因素有时甚至比硬性因素更为重要。在人们眼里，大数据是刚性的，文化是软性的；财务指标是刚性的，非财务指标是软性的；性别指标是刚性的，工作场所的包容性是软性的；科学、技术、工程、数学（STEM）等四门学科是刚性的，人文学科是软性的；机器设备是刚性的，而使用它的人则全都是软性的……刚性措施和软性措施能够相互平衡再好不过了，但经常出现的情况是，一旦遇到压力，刚性方案肯定胜出。在坚持长期可持续性还是追求短期回报这一经典问题的争论中，太多的董事和高管们依然痴迷于冲击眼前的目标，长远目标让位于利润。竞争的需要超过了收获合作利益的动力。

在股票市场上，媒体和其他市场观察员每天都在对公司股票的涨跌品头论足，这种外部压力强化了公司对业绩驱动的短期得失的关注，促使它们不得不做出妥协，纯粹出于生存的目的而紧盯短期指标不放。这种注重短期涨跌输赢的预测评论很快就变成了自我实现的预言。

短期指标通常在各项目标的基础上制定，而目标主要是为了明确预期，激发并提升绩效。但是，随着时间的推移，目标会遗漏工作绩效中的重要部分。通常情况下，目标关注的是结果，而不是实现目标的方法和路径。在奖金和晋升要仰仗实现目标的情况下，假以时日，人们的行为会越来越多地转到实现目标上来。这也许意味着不必向请求帮助的同事施以援手，或者因为如果你实现的目标比同事实现的目标更好就会得到更丰厚的奖金，而有意给同事的工作设置障碍。当公司内部员工开始明争暗斗时，公司绩效就开始受到影响，职场不再是一个充满乐趣的地方，更不可能有什么合作，员工对公司的忠诚度也开始下降。某些情况下，欺骗和腐败会接踵而至。在一份研究白领犯罪的调查报告中，一名曾做过企业领导的服刑犯人在接受采访时解释道："这不是孰是孰非的问题，而是怎样才能实现公司目标的问题。没有人会因为按部就班而得到奖励，但如果不能完成目标，只能接受处罚。"

杰里·穆勒解释了这种扭曲的衡量标准对创新和创造性思维的影响：

> 试图迫使人们将工作服从于事先制定的以数字表示的目标，往往会扼杀创新力和创造力——绝大多数环境中的宝贵品质，而且几乎不可避免地导致人们只顾眼前利益而不考虑长远发展目标。

目标驱动文化适合某些特定人格。如果没有反对的声音，公司和招聘经理就会招聘那些积极响应目标驱动规则的人，从而强化某些思维定式和行为习惯。这样做会抑制更为多样性的团队的发展，而这些团队越来越被认为对组织的长期发展至关重要。缺乏多样性的团队往往表现为不善于适应、学习和开拓提高公司绩效的各种新的工作方法。

当一种短期的获胜痴迷文化使增加团队多样性的努力化为乌有时，就会降低团队绩效，与短期成功的支持者们所声称的对绩效的促进正好相反。

当获胜以追求相同的目标、遵循相同的规则为基础时，人们就会变得越来越相似，都争先恐后去打破彼此的纪录，这已是常识。独一无二的特性在本质上不可能被轻易地划分等级和评估测量，多样性也随之消失了。

企业的衡量标准通常以增长为中心。因为增长是好事，所以成功＝增长，这个公式很快推导出这样一个理念：一个没有增长的组织一定失败。"企业应当增长，因为增长是好事"这句口头禅在商界、政府系统以及报纸的财经版面中耳熟能详、司空见惯。但是对每一家公司而言，增长一定是正确的事情吗？对我们的社区和社会长期而言，它一定是需要做的正确的事情吗？

每当我走进一家公司，拓展其团队，培育其文化，帮助它们增长时，我常会问："为什么增长是公司的当务之急？"这通常会是另一个达不到预期效果的时刻，反应可能是木然的表情和尴尬的沉默。有时高管们面面相觑，看谁愿意回答我的问题；大多数回答都包含"因为增长是好事"之类的语句。

这不由得让我想起那些不胜其烦的父母们为了堵上孩子无休止地问"为什么"的嘴，脱口而出的金句——"因为它就这样"。对一个四岁的孩子这样说肯定不好，而对职场中成年人如法炮制，也好不到哪里去。

有时候，这样回答增长为什么非常重要的根源在于身居高位之人。公司经营管理团队和董事会已做出决定，公司应当增长百分之多少。作为公司生存的唯一方法，增长经常被挂在嘴边。从短期和局部看，这也许是事实。但在开发一种基于增长的战略时，增长对雇员、社会和环境的影响问题应该是最为核心的问题。

当然，增长是企业想要遵从的策略，没什么可大惊小怪的。乍一看，增长似乎给予人更多财富和更大利益的希望。西方世界的经济学语言无法摆脱对增长的迷恋，主要衡量指标国内生产总值（GDP）已经成为判断全球所有发达经济体的一个主要方法。

大多数国家似乎陷入了这样一种不能自拔的故事演绎——GDP 增长是解决问题、证明成功的手段。然而，这种方法忽视了我们生活中的许多重要方面——健康与幸福、快乐与平等，也忽视了对自然环境的一切影响。在《增长的错觉》（*The Growth Delusion*）一书中，作者戴维·皮林（David Pilling）根据经济学节俭原理，对何为 GDP 不加修饰的定义作了自己的解释。他说：

> GDP 青睐污染，尤其是如果你必须花钱去治理它时，更是如此。GDP 喜欢犯罪，因为它钟情于庞大的警察队伍，并喜欢修复那些被犯罪者破坏的门窗。GDP 喜欢卡特里娜飓风（Hurricane Katrina）。GDP 十分赞许战争，因为它热衷于首先匡算应对冲突所需的枪炮、战机和弹头等军费开支，接下来，它又忙于对战乱废墟和支离破碎城市的重建所需费用做预算……GDP 不会屈尊计算那些没有资金流

动的交易，不待见家务劳动，并尽力避开所有志愿活动……GDP 会
计算超市中的一瓶依云（Evian）矿泉水，但不会计算一名埃塞俄比
亚少女艰难跋涉、从数英里外的井中取水对经济产生的影响。

我们衡量经济的标准方法，从来没有关注增长是如何创造出来的，也不
考量日益增加的不平等、全球不平衡和长期生活标准，更不会考虑对环境的
破坏。经济学家约瑟夫·斯蒂格利茨将 2008 年底那场全球金融危机描述为
"普遍使用的衡量标准存在缺陷的终极例证"。

经济持续增长没有多大意义，它对原材料、实物商品和无休止的消费循
环的需求永无止境。既然无休止的消费和生产越来越多的商品本身就不是有
意义的目标——当然它对环境有巨大影响——那么，我们这样努力想要得到
其他什么东西呢？增长不都总是坏事，就如同竞争也并非都是负面的一样。
但是，一味狭隘地痴迷于唯增长论，把它当作衡量业绩的唯一方法（和一种
衡量自身的不能信赖的衡量标准），不是成功的准确定义。如果赢得 GDP 的
竞赛以牺牲对我们十分重要的事情（幸福快乐、清洁空气和健康心灵）为代
价，毫无疑问，那它最多只能是一种虚幻的胜利，根本就不是一场我们不惜
一切代价执着为之争胜的竞赛。

与教育和运动领域一样，一个基于激励、目标和狭隘的衡量标准的组织
制度体系，会催生某些特定思维和行为方式。

尽管几乎总是无意识的，但这样的企业制度体系会导致个体和系统性腐
败、大范围环境严重损害以及日益严重的社会不平等，从个体层面看，会让
他们筋疲力尽。对此，玛格丽特·赫弗南分析道："我们对竞争的强烈偏好、
对竞争会使最优秀人才脱颖而出的信念，已创造出一种社会结构，它不仅没
带来繁荣，反而增添了许多负面的东西：浮躁、紧张和堕落。"谁是其中的赢

者？奖赏在哪儿？让我们暂时停下来，全面分析一下，一个不顾一切的获胜欲望怎么会对企业及更广泛的领域产生事与愿违的严重后果呢？接下来，我们就可以开始思考一种不同方法的大致轮廓了。

获胜文化给组织带来的危害

文化通常被定义为"此地做事的习惯"，表明一个组织中真正重要的事情。表面上，文化以置于各类企业网站上的价值观声明中和各种评估表格里所评估的理想行为的方式被描述出来，但在更深层面上，它更生动地存在于职场人们的各种体验中。在参观任何一家企业或一个组织时，人们在一个小时之内就能感受到它：开会时谁先发言？高级别员工是否有靠近门口的预留停车位？来访者在大楼走动时会受到何种礼遇？办公室墙上图片的内容是什么，这些内容告诉我们什么？这些文化产品折射出内部员工对一个组织的感受，告诉我们等级制度是否大行其道、哪些人最有价值，以及哪些行为在实际中可被接受。

一旦成为一名文化观察员，你就会开始注意到千奇百怪的事情：会议中，人们在什么时候开始畅所欲言？谁说得最多？当面对压力时，舍弃的是什么？当任务的截止期限临近时，哪些行为会大行其道？哪些事项会被评估（并因此被视为最重要的事项）？

现代管理学之父彼得·德鲁克（Peter Drucker）是一位早期管理学大师，20世纪70年代他创造的一句名言——"文化能把战略当作早餐吃"至今言犹在耳。德鲁克的这段引言强调了在董事会会议室（层面）和公司高管层制订的计划与实际发生的情况之间的差距。

聚焦战略、目标和所有可量化事项的组织往往容易忽视工作环境中人的感受，而工作环境最终决定组织的宏伟战略能否得以实施。

一种建立在不惜一切代价取得胜利、以实现目标为主要目的的文化会产生各种有毒行为，并造就人人胆战心惊的工作场所。有毒文化能够导致企业灾难的案例数不胜数：从美国安然公司做假账的情节，到德国大众汽车公司的排放物丑闻，再到 2008 年银行业危机中形形色色的犯罪。单纯以利润论输赢的失衡文化会使企业为了"达到数字"目标而开始抄近路、走捷径。按照这样的思路，不允许人们挑战决策或提出伦理克制问题的文化又会使这条路不断延续。在短时间内，它也许能够带来辉煌的业绩、出色地完成各项目标任务，但也会引发长久的灾难。不顾一切去赢，而且大赢，将导致与所有成功的定义相去甚远的结果。

在大众汽车公司的案例中，给工程师们的目标是设计一种柴油发动机，既要达到性能和价格要求，又要只能排放少量的氮氧化物。完成目标意味着财富和晋升，但工程师们对此又无能为力。因此，他们采取了那些一心想赢、要破解这一问题并实现目标的工程师们所能采取的办法：他们处心积虑地设计出一个解决方案——这次是设计以欺骗方式通过尾气排放检测的软件。结果，道路上行驶的汽车排放的氮氧化物比实验室检测记录高出近 40 倍。

大众集团公司首席执行官马丁·温特科恩（Martin Winterkorn）在美国以欺骗和共谋罪名受到刑事指控。谴责涉事人员并不难，然而弄清在规模庞大、久负盛名的优秀公司内，腐败的程度竟然能达到如此程度，才是更为重要的事情。为什么没有人监督这样的决定或对此负责？为什么公司系统内的核查没有对他们的方案提出质疑？为什么这群工程师所在的部门中没有一个人认为需要质询他们的发明创造？为什么他们会认为要不惜代价必须赢得这场挑战？为什么没有人理解短期目标是"加油"文化？怎么能够允许短期目标比大众公司的长期声誉更为重要呢？

在这些案例中，有一项文化特征总是很单纯，但却严重缺乏让那些看出问题的人发声的机会。正是那些被提到过或没被提到过的各种问题在一家公司的文化中发挥着巨大的作用；而正是那些支配性语言，才让人感觉出各种表述是强是弱。在梅甘·赖茨（Megan Reitz）[①] 和约翰·希金斯（John Higgins）[②] 合著的《沟通博弈》（*Speak Up*）一书中，他们访谈了 150 多位不同类型的领导者，了解他们组织中的沟通方式。他们探讨了如何分担责任以及挑战决策、探讨风险或比较短期与长期结果的难易程度：

> 畅所欲言和仔细聆听在我们的组织中非常重要。如果不能做到这一点，当相关消息出现在报纸的头条时，人们听到的可能全都是不端恶行。在这个风起云涌的时代，畅所欲言和仔细聆听对创新和应变至关重要，对激发积极性和增强责任感必不可少。

巴克莱银行对引发金融危机起了主要的作用。《萨尔茨评论》（*The Salz Review*）（2013）研究了该银行建立在"根深蒂固的获胜情结"上的沟通方式和文化：

> 对"获胜"的诠释和实现，超越了简单的竞争。它有时会受到一种似乎不惜任何代价的态度的支撑……不惜任何代价获胜的代价是：敌对、傲慢、自私，以及谦逊和包容缺失等各种附带问题。

---

① 梅甘·赖茨霍特国际商学院阿什里奇高管教育学院领导力与对话方向教授，入围全球商业思想家"Thinkers50"，被英国《人力资源》杂志于 2019 年评选为"最具影响力思想家之一"。——译者注

② 约翰·希金斯分别任"正确沟通"（一家知名管理咨询机构）研究主管和 Game Shift 机构研究员。——译者注

远在苏格兰皇家银行（Royal Bank of Scotland），首席执行官弗雷德·古德温（Fred Goodwin）因天性争强好胜而名满天下。"弗雷德必须赢，他总是要赢……他必须赢得每一个筹码，无论大小。他必须高居支配地位。苏格兰皇家银行有一种强烈的霸凌文化，任何事都充满竞争。"古德温发起了一系列野心勃勃的收购尝试，从国民西敏寺银行（NatWest Bank，其规模是苏格兰皇家银行的三倍）开始，随后是一家爱尔兰抵押贷款提供商、一家保险公司、一家汽车公司、一家火车公司和一家拥有世界最大经营场所的美国投资公司。这些对他远远不够，为了发起对荷兰 ABN AMRO 银行的恶意收购，他创立了一家国际财团。这是一场基于成为更大、更好、更富银行的竞赛。所有提及尽职调查的人都被炒了鱿鱼，在咄咄逼人的古德温看来，这些人都是不折不扣的败类和懦夫。然而，2008 年 2 月，苏格兰皇家银行宣布亏损 240 亿英镑，是英国公司史上最大的年度亏损。在此之后，它不得不靠英国政府提供的财政支持来化解危机。

在类似的案例中，获胜掩盖了卑劣行径和不当做法。当公司取得胜利、实现利润目标并以此回馈股东时，自我欺骗和（或）误判导致一些企业领导者认为企业运转一切正常。正所谓"目标决定手段"。企业界与体育界一样，形形色色的霸凌和恐吓、欺骗和腐败，总是出现在那些先前被认为成功的组织中。

甚至英国工业的瑰宝——劳斯莱斯公司（Rolls-Royce），在一场持续多年的行贿丑闻曝光后，被迫支付了 6.71 亿英镑的罚金。该丑闻涉及公司寻求获得若干价值可观的国外订单的方式。繁华商业街上的零售商乐购（Tesco）在与发展迅猛的超市竞争对手展开你死我活的竞争期间，为显示竞争优势而夸大利润，受到英国欺诈重案办公室（Serious Fraud Office，SFO）的起诉。聚焦短期目标，自然会使数字看起来漂亮，然而一旦被英国欺诈重案办公室发现，就会遭受灭顶之灾。

文化给组织带来损害的另一领域来自只关注奖励个人而不是团队。获胜通常被看成对个人的挑战。通过获胜调动他人积极性看似不错的用意，目的在于激励人们提高绩效，但结果却往往是贬低团队的作用，将其置于次要地位，使企业内部的合作不复存在。

在那些信奉短期成功战略的组织中，人们的感受如何？所有发达国家都面临调动积极性和提高生产效率的挑战。美国盖洛普（Gallup）民调公司的一项全球劳动力民意调查表明，只有13%的雇员在岗位上兢兢业业地工作；在英国，这个数字只有8%。在一些最有声望的公司里，许多人力资源经理和资深高管精疲力竭、几近崩溃，这是他们面临的严峻挑战。心理健康问题的禁忌正被逐渐打破，揭露出许多痛苦不堪、遭受虐待的辛酸事，这反映出在某些情况下，公司文化沉沦堕落的程度何等之深。尽管越来越多的研究表明，利用外在激励调动雇员积极性非常不可取，正如我们在教育和体育领域的所见所闻，但仍有不少企业死抱这种做法不放。

在职场人才身上运用这种衡量标准，将进一步有损于开发认知的多样性，有损于在公司内部发展和培育员工和提升公司业绩的更广泛的基础。员工们仍旧被归类为"顶尖人才"或"未来人才"，与学校的等级分类一样，这样做只能打击其他被间接归类为"低能力"或"没有能力"员工的积极性，将他们排除在企业"人才"之外。这种主观武断的分类给职场文化带来许多意想不到的后果，并通常被偏见撕得四分五裂。分类也可能基于"千里马"的错误假设和"明星选手"的虚幻诱惑。托马斯·德隆（Thomas DeLong）[1] 和维

---

① 托马斯·德隆是哈佛商学院组织行为学教授，曾任摩根士丹利公司执行董事兼首席运营官。——译者注

尼塔·维吉雅拉哈万（Vineeta Vijayaraghavan）的研究报告"让我们为二流角色而倾听"表明，这些假设正伤害一些组织，这些组织错误地"因普通人缺少明星的光彩和志向而对他们不屑一顾"：

> 在 20 多年的共同咨询、研究和教学中，我们发现企业的长期绩效——甚至是生存——都更多地依靠普通员工无声的坚守和默默的奉献……企业通常对普通员工在挽救企业于即亡中所发挥的作用视而不见、听而不闻。

摆脱各种毫无意义的等级分类、衡量指标和方框打钩，是未来组织的一项重大挑战。职业成功和职场绩效需要用一种更加不同和多元的方法来审视，企业需要创造一种完全不同的员工体验，投资于各种职业头衔之外的"人"。

对商业成功的反思

众多潜规则在商界依然占据主导地位。例如，第一优先事项一定是获胜；目标和结果是确保获胜的最佳方法；竞争的环境令每一个人出类拔萃。然而，认为这些潜规则理所当然，就会拖我们的后腿、对企业长期业绩产生不利影响，并妨碍我们探究规划工作得以完成的更好方式。

没有容易的答案，21 世纪的首席执行官的生活似乎要比他们前辈的复杂得多。企业领导者必须平衡社会责任和股东回报、可持续性发展、承担员工义务，以及环境影响和社区支持之间的挑战，而对全球性公司来说，还必须考虑定制化和大规模生产之间，以及全球化和本地化之间平衡的问题。这进一步说明，为什么单纯强调竞争、紧盯"争当第一"的衡量标准是远远不够的。

正如长期思维将要阐释的那样，我们需要超越这种局限思维，培育一种更有意义的长期目标意识，关注丰富多彩、团结协作的文化，将人放在最优先位置，企业的任务和目标必须服从于人。

我们所目睹的在学校、竞技体坛和职场上发生的一切，正以惊人相似的方式在全球国际政治舞台上展开，并带来更为严重的后果。这正是我们接下来要讨论的内容。

第 8 章

全球赢家和输家：国际政治中的输赢观

2003 年美国入侵伊拉克前夕，乔治·W. 布什（George W. Bush）总统在向美国民众发表讲话时声称："除了胜利，我们决不接受其他任何结果。"但是胜利随之而来了吗？布什总统当时竭力宣称取得了胜利。2003 年，他在一艘航空母舰上发表了一个现在看来很不光彩的讲话，宣称在伊拉克的主要战事已经结束，并且正式宣布："在伊拉克战争中，我们和我们的盟友已经取得胜利。"然而，美国在伊拉克的军事任务远未结束。从那次美国总统在航空母舰上发表讲话起，直到七年后的 2010 年，奥巴马总统才最后结束了这场战争，这期间又造成大约 15 万多名平民死亡、近 5000 名军人丧生。当我们回顾这场伊拉克战争时，很难看出美国获得了一场不折不扣的胜利，而任何临时捏造出来的胜利，代价都极其高昂。

再看其他冲突，甚至追溯到遥远的第一次世界大战，即便在当时以成败论英雄的世界上，更仔细地审视实际上也很难看清楚谁是获胜者。谁赢得了冷战？谁赢得了越南战争？ 20 世纪 90 年代和 21 世纪初对伊拉克和阿富汗的入侵，或对"伊斯兰国"（ISIS）的战斗又得到了什么样的结果呢？同样，没有明显的获胜者，有的只是许多意料之外的长期灾难性后果。

谁将赢得反恐战争？这句话在政治演讲中常常出现，但这不是一场赢得或输掉的战争。至于这个时代的其他关键问题，尽管我们在所有领域已付出争取获胜的各种政治努力，但仍没有赢得对气候变化、不平等、安全或者贫困的战役。2020 年，面对新冠疫情的大流行，政治家们煞有预见地创造出了

"赢得"和"击败病毒"这样的言辞。但是人们很难看出，这种获胜心态加上不同国家间数据的竞争性比较，对解决实际问题有何帮助。这样做有可能让人们从更有效的应对措施上分心。

多年来，有些国家的领导人一次又一次地从有关贸易、难民、气候变化和安全的国际峰会上返回国内，向选民宣称，他们是如何为了国家、为了公民拼死力争，从而达成了一项更好的协议的。但是，每位领导人从同一峰会返回时都带回了相同的消息，这显然是一派胡言。他们不可能全都以他人的损失为代价而自己获取胜利。但是，他们指望这样一个事实，即一个国家的公民在新闻中不能同时看到其他国家的领导人在他国新闻中说同样的事。几乎没有几个领导人从峰会返回后有足够的勇气谈论合作、妥协以及对别国的支持。而那些有勇气这么做的领导人则发现，当选民们早已习惯于旧的思维方式时，他们改变讲述方式很难得到任何益处。

如果透过一场狭隘的"聚焦权力"的零和博弈去看，挑战政府的权力及其长达几个世纪的传统的治理风格，不符合任何一个政府短期内的自身利益。但是多国政府和多个国际组织面临的问题已经改变。很不幸，现行治理模式已不适应应对我们这个时代的重大全球性问题。本章将探讨狭隘地关注"获胜"是如何在国际这个最大的舞台上将各国引入歧途的。

政客们玩弄鼓掌间的把戏

各国选举政治及制度各不相同，决定胜者的方式也不同。有的是首先通过终点者获胜，如英国；有的是比例代表制，如欧洲大多数国家。不管什么样的制度，都有获胜者和失败者。这是我们所看见的，也是媒体新闻报道所描绘的。但哪里有获胜者，哪里就有代价——常常比获胜者认为或承认的更大。

政治家的成功是什么？他们打算赢得选票和权力，还是打算把世界变得更加美好？为了实现后者，他们需要前者，但如果他们的目的是在下一次选举中赢得选票，那么一位政治家所关注的焦点往往会从着眼于短期目标开始。把世界变得更加美好需要一种完全不同的思维方式，需要一种应对人类所面对的诸如从恐怖主义到气候变化、全球健康等现实问题的新能力和新方法。任何政治家几乎不可能迅速或轻松搞定任何一个上述问题。

为短期目标被选出但要将主要精力用于处理长期问题的各类政治家之间的关系越来越紧张。他们的当选和政治生命，取决于本人及其所在政党在短期内取得良好政绩。党派认同通常是在明确反对另一政党及个体组成的阶层过程中形成的。很快，政治家们就会发现，他们的存在和政治生命是建立在反对其他政党或政治团体基础之上的。如果政治对手就某一问题提出了更好的建议，但要去支持他几乎绝对不可能。这种做派有悖于常理，当然也不符合任何人的利益。

我们也许注意不到当前盛行的"赢得与他人竞争"的文化，但它却造成了这样一种思维：协调与合作被视为软弱和不可接受。对于各个国家来说，携手合作共同应对我们时代最严峻的各类全球性挑战变得越发艰难，而事实上，这些挑战不可能由任何一个国家单枪匹马去应对。这个道理在个人层面上也同样适用。政治家如果犯了错，他最不情愿的事就是承认犯错。在这个星球上的每个人都会犯错，然而如同我们在第 1 章中看到的那样，当我们关注获胜的传统表达方式时，就会发现，政治家们（经由媒体强化）已经把这一说辞发展到了这样一种程度——强势正确、示弱错误。

说来可悲，这种情形还在更大规模的政府层面不断上演。一次又一次，我们目睹了"获胜"必须意味一以贯之反对所有合理证据的妄想。沉没成本偏好的案例比比皆是——政府为某项政策投入巨大，即使该政策已被证明失败，但仍宁肯一条路走到黑也不肯承认任何过失或错误。20 世纪 80 年代英国的人头税就是一个典型例子。当时，英国政府早就发现收取人头税不可行并且有大量民众反对，然而却仍一意孤行继续征税。最终导致该计划惨败，不得不被终止，但付出的代价巨大。

在 2016 年英国脱欧的全民公投后的几年中，脱欧能够而且必须带来好处的承诺，使得英国政治家坚守他们的最初诺言。但随着时间的推移，这些承诺得以实现的证据日渐稀少。任凭信息不断变化发展，他们仍然坚持自己的立场，就像希望留在欧盟的在野党那样，继续其"英国经济将要崩溃"的种种预言。没人知道脱欧可能产生什么后果，因为这种事以前从未发生过，因此，最初某些诺言难以兑现在所难免，但没有人承认这一点。政治家深陷一个非赢即输的二元世界，无法让其观点迎合全民公投后他们所掌握的情况。每一方都像激光一样继续聚焦在"赢得辩论"和让另一方看起来愚蠢至极上，而对找到最佳解决方案毫不在乎。

英国政府各部门提供了高层竞争文化固化的一个典型例子 ——就像政府各部部长争夺职位和权力那样 ——是如何为狭隘的部门文化定下基调的。英国确实需要政府各部门通力合作，以应对从肥胖症到传染病、从安全到移民、从能源到环保等各种复杂问题。但实际情况是，政府所有职能架构、激励措施及问责制度，仍然只围绕每个独立部门来设定。跨部门工作仍然需要逆流而上，付出巨大努力。我还能记得在伊拉克工作时与国防部一位同事的争论。我们争论的问题是我们需要如何协调目标，使得我们工作起来互不妨碍。我跟他说，我们毕竟都在为"女王陛下的政府"（即英国政府）工作。他非常困惑地看着我说道："你错了。我为国防部工作。我的各项任务由国防部确定，我本人由国防部考察和提拔，我效忠的是国防部。"

英国国会下议院（House of Commons）的各委员会和报告经常强调，跨部门合作的缺失是各个政策领域结果不尽如人意的原因及影响因素之一。组建跨部门政府机构通常被视为一个解决办法。但是作为担任过这种单位的主任，我能证实，跨部门政府机构在现实中是一种可怕的幻想。这些机构的建立为的是表明对某项建议的回应，而关键的激励机制和权力架构仍保持原样。当事情变得棘手或令人关注时，各部门干脆又各自为政，并收回控制权。

确实有一些政治领导人，如南非的纳尔逊·曼德拉、美国的巴拉克·奥巴马总统以及新西兰的雅辛达·阿德恩（Jacinda Ardern）总理，尽量在自己的语言、思维和政治中把重点更多地放在同情、伙伴关系及合作上。

在彼此对立的政治游戏中，曼德拉凭借其思维、举止与他人相处的方式脱颖而出，取得了胜利。在漫长的监狱服刑期间，他用同情心和谦逊智胜对手，并且比他们的表情更夸张。他说，战胜敌人的最好方法就是让他成为朋友，他这么说是要设法改变其他人正在玩弄的权力游戏。

在应对国家灾难或恐怖袭击中，奥巴马和阿德恩都避免使用传统夸张、对抗性语言，而选择与所有社会团体联系而不是责备社会中某一特定人群。由于信仰富于同情的治理方式并尝试用福利取代 GDP 作为发展的核心指标，雅辛达·阿德恩在努力将政治语言变得更具包容性方面走得更远。在克赖斯特彻奇（Christchurch）城遭受恐怖袭击后，阿德恩没有采用复仇或威胁的举动，而是强化枪支法律，并通过包容性语言的使用，给受害者和家人送去了支持和理解。她强调，这些穆斯林受害者是"兄弟、女儿、父亲和孩子……是新西兰人。他们就是我们。"阿德恩一再明确表达同情就是力量的观念：只有彼此关心照顾，我们才能建立强大的社区，进而建立更具韧性的社会和经济。尽管这样的领导人仍属少数，并且在那些"征服一切"的英雄式领导人的眼中常被视为软弱而不屑一顾，但他们毕竟为我们的社会提供了一套新的说辞。

国际外交舞台上那些输赢思维之殇

充斥人类历史书中的战争延续到了今天：各个国家为获得更多领土、权力和财富与其他国家作战。这是难以割舍的原始零和博弈。大多数国际组织和机构正致力于解决各种跨境问题。无论是应对环境问题还是全球疫情大流行，几乎看不到必要的国际组织架构存在的影子，它们的存在对于确保国际社会采取有效措施、形成解决时代全球重大问题所需的大规模团结协作必不可少。

在为英国外交和联邦事务部工作的外交生涯中，我花费大量时间，尝试从零和博弈思维（即一方获胜只能以另一方为代价）转变到双赢思维，即在每一方妥协而每一方获益且整体状况有所改善的情况下，能够达成某项解决方案（甚至就像日语中类似的说法一样，转变到三赢思维）。

尽管谈判之前我们要尽可能多地仔细研读各种综合性、技术性简报，但谈判的进展却更多地取决于谈判期间谈判对手的心态。无论是说服严重敌对的波斯尼亚少数民族团体的政治代表共同合作，就推动他们遭受战争创伤而日益贫困的国家向前发展的各项改革达成协议，还是尝试说服西班牙人和直布罗陀人（Gibraltarians）[1]更加同心协力，共同挑战都是改变思维定式。我们的许多政治问题都是心理学问题，或许应该更多地沿着这条路径加以思考。这不是谁拥有最佳想法的问题：单个个人或国家无权垄断最佳想法。这是有

---

[1] 1981 年，英国授予直布罗陀居民完全的英国国籍，"直布罗陀人"通常指的就是他们。——译者注

关怎样增强各国间正在进行的合作、提出应对各种新问题的创新手段和方法的问题。这也不只是谁拥有权力的问题，尽管权力游戏仍然还是主要游戏。但是，应对我们所面临的各种全球问题，仅靠政治力量不起作用，这正被越来越多的事例所证明。

世界正在发生变化，需要一种不同的方法。作为变化中的一部分，"敌人"的概念也已逐步在演变。回溯到 19 世纪和更早年代，敌人常常是确定的。战争有确切的对敌交战期，通常还有明确的结局——一个胜利者和一个落败者。在一个单纯、几乎毫不关联的世界中，获胜者通常赢得权力和财富，并且因为获胜，所以付出的代价很小。今天，在我们复杂且相互关联的世界里，赢得一场战争不会像过去那样一劳永逸。赢得战争可能要付出大得多的代价，不仅在资金上，而且在社会和环境方面对获胜者和失败者双方都造成的不利影响上——如果谁是胜利者已经很明确了。在当前的冲突中，交战可能无法预知并且永不结束。有形的战争可能不会发生，人们并不总是清楚谁是敌人。

由于基地组织（Al-Qaeda）具有不可预测性和非传统性的特点，美国在伊拉克战争中经常被打得手忙脚乱。基地组织是一个松散的"网络"，能够做到实时重新配置兵力，并整合分散在全球各地的行动。同样，美国在阿富汗面对的是一场远非传统的战争。21 世纪初，无数针对西方发表的"伊斯兰圣战"声明，对西方构成了持续不断和无法预测的威胁。

在伊拉克和阿富汗的某些地区进行的实际战争中，虽然有时美军可能赢得了个别战斗，但这并不意味着他们能保证该地区长期安全稳定并建立可持续的政治架构。通常，那些刚被美军占领的乡镇和城市很快易手，重新被敌军、叛乱分子、恐怖分子（甚至很难确切知道他们究竟叫什么）控制。美国、英国以及联军发现，他们不停地获胜，夺回失地，为的只是再次失去它，陷入一个永无止境的赢得和失去的恶性循环，远不是他们打算要取得的那种简单胜利的概念。胜利宣布后不久往往又被迅速推翻，令西方军队士气低落，他们打算在经历一场短平快冲突后回家的愿望破灭了。敌人无法击败，在地图上没有显示胜利和失败的清楚界线，界定胜利的真容越来越难。

西方的军事和政治思维方式一成不变，在定义获胜的方式上延续了军事和战略家爱德华·勒特韦克（Edward Luttwak）[1] 所认定的一种强烈的"唯物主义者偏见"。各种可计量投入和产出（如火力、被击中目标、可投入战斗的飞机数量），往往将重点放在描述西方军队究竟是胜是负上，而不是更具说服力地审视无形却更为关键的战略、领导力和士气等各类人为因素。在《行为冲突》（*Behavioural Conflict*）一书中，英国高级官员安德鲁·麦凯（Andrew Mackay）[2] 和史蒂夫·泰瑟姆（Steve Tatham）[3] 呼吁政府各个部门和各军兵种的思维方式进行重大的转变，将理解未来军事战略中的行为和动机放在优先考虑之列。从更广泛的意义上来讲，这个观点同样也适用于外交政策和英国政府。

2008 年在伊拉克巴士拉（Basra）英国领事馆和军事总部做一名外交官的经历，让我仍能记得每日的各种报告，里面满是军队将在早 8 点例会上宣布的各种数字和统计：当日出动的直升机数量、天气预报和预测温度，以及当天的军事行动目标。这些报告是一幅幅一切尽在掌握、事事清晰明了的壮美画卷，正如几个世纪以来我们所领悟到的，这对有效组织大规模军事力量至关重要，但对手头上杂乱无章的难题不一定总能派上用场，因为这是一个

---

[1]　爱德华·勒特韦克，英国经济学家和历史学家。——译者注

[2]　安德鲁·麦凯，英国政治家、保守党议员。——译者注

[3]　史蒂夫·泰瑟姆，英国埃克塞特大学讲师。——译者注

复杂多变、无法预知的世界：街头暴力、没有单纯的敌人、没有现成的清晰政党或制度是其特点。军事上的精确与社会政治现实之间缺乏协调造成外交官和军队指挥员之间的关系紧张。作为外交官，我们尝试总结每天的政治形势，与精确的军事报告形成巨大反差。政治和解的目标听起来总是含糊不清，不可能说明谁一定持有某种观点或哪位当地政治家支持我们。当地人的立场一直在改变，由于存有敌意，我们不能像在和平的政治环境下那样，可以随时随地与当地政治领导人进行交谈。当我每日对复杂多变的政治形势进行更新时，我能感受到军队同事的失望之情。我还记得一位军官曾经问我，我们能否预测政治和解实现的确切日期。我真不知道该如何回答这个问题，因为我给不出各位军队同事非常看重的精准信息。然而追求精准可能会误导他人，这不是一个胜败分明的世界；成功不可能是可以控制的项目；不会有宣布和平和真正的胜利的那一天。

美国驻伊拉克和阿富汗陆军司令斯坦利·麦克里斯特尔（Stanley McChrystal）将军曾描述，为了行动更加敏捷，美国军队在心理上和组织上不得不进行改组。基于清晰的规则、界线、分类、标准和战斗规则，关于如何管理世界的旧的思维模式已经僵化，而新的思维模式必须能够应对复杂局面、有很强的适应性并且自我组织运转：

> 最终，我们所有人都必须在信念上有一个飞跃，并跳入旋涡中去。我们的目的地是这样一个未来——我们可能发觉它的形式并不令人感到舒适，但是它恰好具有与 20 世纪简化论的直线和直角一样的美丽和潜能：这个未来将采取有机网络、韧性设计、被拦蓄洪水的形式—— 一个没有停车信号的世界。

全球化问题不是国与国争输赢的筹码

正如我们在前面章节里所见，将追求经济增长置于其他一切之上——要超越另一国家的 GDP 的强烈竞争欲望——依然是衡量政府成功的关键指标。但是，赢得 GDP 竞赛在最好情况下只不过是最富裕国家的一场狭隘和虚伪的胜利，而在最坏的情况下则是人类的一场大灾难。这种经济增长方式已经导致某些目前正威胁我们星球未来的后果，包括对生物多样性的洗劫、不可持续的消费水平及二氧化碳排放——所提及的这些只是少数几个迅速恶化的后果。

然而，尽管这些后果的证据越来越多，但是大多数政府还是我行我素，仍执着于自身一成不变的政府体制，而这种体制不能以斯坦利·麦克里斯特尔将军前面所描述的方式改变。因此，它们更易受到未来无法预测的挑战的攻击，就像新冠疫情和全球变暖的节奏已经开始显示的那样。

各国政府经常声称要积极主动保护环境、提升社会流动性并增加对健康体系的投入。然而对这幅更大场景的观察显示，他们的努力并没有成功。世界呼唤一种不同的（合作）运作方式。

2019 年，16 岁的瑞典环境保护活动人士格里塔·桑伯格（Greta Thunberg）在欧洲各国首都巡回演讲时，曾用明确的语言强调了这一点，敦促欧洲各国政治家切实采取行动、化解危机。在向英国议会发表的演讲中，她批评了英国"非常有创造性的碳核算"：

> 根据"全球碳规划"（Global Carbon Project）[1]，英国已经达到自

---

[1] "全球碳规划"是一个国际组织，主要从事测量全球温室气体排放并追溯其来源。——译者注

1990年起削减其领土内二氧化碳排放量37%的目标，这听起来确实令人印象深刻。但是这些数字并不包括源自航空、船运以及与进出口相关的排放。如果把它们包括进来，从1990年起的削减量大约是总排放量的10%，即平均每年削减0.4%……气候危机是我们有史以来所面对的既是最容易又是最艰难的问题。之所以最容易，是因为我们知道必须要做什么——我们必须停止温室气体排放。之所以最艰难，是因为当前各国的经济状况仍然完全依赖燃烧化石燃料，为创造持久的经济增长而破坏生态系统。

衡量指标掩盖真相、误导选民，再次在全球政治层面上占据了支配地位。当然，很多人不同意格里塔·桑伯格的观点；科学家和政治家继续为证据而战。但是，竭尽全力赢得战斗并尽其所能贬低对手的观点，转移了我们应对所面临真正挑战的注意力。难道证明别人的统计数字错误，就能证明我们破坏自然环境是正确的吗？我们能在环境危机中获胜吗？难道这不是创造一个新的、巧妙的碳核算方法，让某个政府看起来它好像采取行动了吗？难道这不是参加一个又一个峰会、花费一周又一周进行谈判和辩论，为的就是确保某个政府未被要求比另一个政府采取更多的措施吗？或许这个问题需要用完全不同的眼光看待，而第一步就是要意识到，这根本就不是一场要"赢得"的战斗。

国际交往迫切需要抛弃一成不变的胜负思维

国际层面上迫切需要新的思维方式，需要麦克里斯特尔将军所提到的"新思维模式"，该模式能够认识到存在更复杂的现实和更多的解决办法，并且还抛弃了一成不变的胜负模式。目前的政府体制一方面努力适应这种挑战，一方面在自身一成不变的情况下阻挠采用新模式的各种尝试。我们应更详细地讨论需要什么样的结构、行为、心态和关系来应对我们这个时代的全球问题，以及我们怎样在整个社会中发展这些要素。当然，这里没有"正确"答案，但现状让人觉得，它远未达到它应该能够达到的状态。我们的政治家们吹嘘获胜的各种花言巧语，听起来让人觉得比以往更具误导性、更空洞无物，我们必须要求更好的解决方案。

我们在第二部分对教育、体育、商业和政治各领域的探索，已经解释了对"获胜"一词的主流表述是如何扭曲我们的生活和社会的，并对不同方式的大致轮廓提出了初步设想。第三部分将聚焦于该替代方案的开发：对于个人和组织，我们将如何用不同的方式定义成功；为了取得长胜，我们还要考虑怎样重塑我们的思维、行为和互动方式。

第三部分

重新定义成功

今天的败者或将是明天的赢家，因为时代在变。

——摘自《鲍勃·迪伦诗歌集：1961—2012（典藏版）》

（ *The Lyrics: 1961—2012* ）

第9章

开启长期思维

这次应该和以前不一样了！

1996 年，我第一次参加亚特兰大奥运会，从中积累了不少经验。这之后，我一直很乐观，觉得有了更好的训练条件，自己的成绩也会更好。然而，虽然有了良好的装备、第一次配备了专职教练，但我们的训练环境和文化却没什么改变。教练采用的仍是一套老式教学方法，总强调要么做成功者，要么做失败者。在他看来，为了达到严格训练和培养冠军的目标，什么事都可以做。我在这样的训练环境中煎熬了四年，虽然身体机能有所提高，但在 2000 年悉尼奥运会上我只获得了第九名的成绩，结果令人十分沮丧。

我不停地扪心自问："为什么训练越刻苦，成绩反而越差了？""这就是自身实力的真实反映吗？"一个合理的推论似乎是："这个结果说明我注定是个失败者。"更令人烦恼的是，我反复纠结其中，觉得这个失败结果也反映了自己的个人价值。

经历了四年艰辛的训练，我怎么还输得这样惨？更有甚者，不知何故，我的脑海中总会浮现出这样的场面——我这条赛艇没其他人划得快，总差一个船身，这是一种缺乏社会价值的表现吗？悉尼奥运会后，我又坚持训练了一年，但缺乏自信，心里没底。又过了一年，训练效果不尽如人意，于是我决定退役了。

退役不久，我有幸赶上一个机会，进入英国外交部从事外交工作。这是我从事赛艇运动之前就一直梦想的职业。这种转变宛如一阵清风沁入我的心田。于是，生活的各个方面似乎都在发生变化：穿什么、吃什么、想什么以及与什么人说话，等等，都和以前不一样了。在新环境里，自己的工作得到认可、每天都能学到许多新东西，这一切让我再次焕发了活力，兴致盎然。从发生到结局，我有幸目睹了一些生死攸关的情况，这让我跳出了之前的赛艇世界，摆脱了执着输赢的思维模式，认识也有了重大转变。从进入外交部工作开始，尽管与经验丰富的资深同事相比，自己知之甚少，但我的意见和看法都得到了大家的重视，这使我感觉很振奋。

从工作的第一天起，我就适应了这里的环境。不出几个月，我发现自己不仅工作得很惬意，而且还期待晚间到健身房做些训练。一段时期以来，我兴致很高，参加一些富有挑战性的活动，同时也给自己加码，在不同距离上练习跑步，成绩也提高了。作为一名退役奥运选手，虽然我已经离开了赛艇运动，但我觉得自己比以前更健康、更愿意参加训练了。

我仍然与之前的一些队友保持联系，尤其是凯瑟琳·格兰杰。悉尼奥运会之后的那一年，我们俩刚一开始合作，那感觉就不一样了，确实很棒。我们相得益彰，都热衷于比赛，都渴望把女子赛艇运动提高一个层次，想向世人表明我们始终都能在国际赛事中高水平地发挥自己的潜能。但是那一年，我们在世界锦标赛上只获得了第五名，没能收获奖牌。那是个短暂的赛季，悉尼奥运会后我们俩都花了太多时间去处理一些个人事务：凯瑟琳去休假了，她要放松、旅行同时庆贺自己在悉尼奥运会上的收获；而我则努力忘却悉尼奥运会的糟糕结果以及之前那四年含辛茹苦的训练经历。

当我宣布退役时，凯瑟琳非常惊讶，同时也很苦恼，因为我们都相信，通过两人的共同合作，我们可以在奥运会上取得成功。我想她并没有意识到我重拾自信并让自己从悉尼奥运会的阴影里走出来有多么艰难。我很痛苦地意识到，在这个小组里进行训练并不能让我从当时那种糟糕的精神状态中恢复过来，这一点无从回避。离开赛艇队将为我开启一段崭新的生活。一时间各种想法溜进我的脑海中："假如……？""我能否……？""如果再来一回？"我甚至做着到雅典参加奥运会的白日梦。有段时间，我以为这就是逐渐淡出过程中的自然反应。但是几个月之后，我意识到自己对这些念头无法释怀，心想也许自己真能站在雅典奥运会的出发线上。

返回赛场的想法在我心里隐藏了几个月的时间。做出这种决定并非易事，我知道，如果这样做，我得说服自己这次和以前有什么不同。我不想回到过去那样的训练和思维模式中，但我不知道自己能否找到一种全新的方法。

三战奥运的全新领悟：抛开输赢，心无旁骛

从一开始我就知道，重返赛场并不取决于能否得到一枚奖牌，但坦白地讲，这仍然是自己的主要动机。为了与世界上最顶尖的选手进行竞争并赢得一枚奖牌，你就得像那些人一样，利用一年中的 49 周、每周 7 天、每天 6 小时进行训练；然而在这方面，并没有哪种统计分析、概率公式或成本效益分析能提供有价值的指引。在前两次奥运会上，我获得第七名和第九名的成绩，这样的成绩预示着自己的前景并不乐观。即使能摆脱过去的成绩给自己造成的阴影（尽管这相当困难），我还得面对这种残酷的现实：随时随地都可能出现伤病，或者在比赛中犯低级失误。这类问题每个人都可能遇到，至少肯定会发生在那些拥有巨大潜力和天赋的运动员身上，无论他们怎样努力地训练，怎样全身心地投入也难以避免。我一直渴望更好的结果，我觉得这样的结果至少能反映出自己的潜力，同样，我觉得成功不应仅仅表现为一个名次、一枚奖牌以及站在领奖台上的一张照片，还应该有其他内容。在这些问题没厘清之前，我不会重返赛场。

上次奥运会上，总有人说我表现得不够好，但我不为所动，咬紧牙关挺了过来。没人比我更坚韧，我成了坚持到最后的队员之一。但是，我并没因此获得任何奖牌：我成了一个活生生的例子。坚韧并没让我成为一名更好的选手，也没有让我成为一个更好的人，甚至做一个好朋友、好队友也不称职。

我知道，自己必须采取不同方式去适应环境、做出反应并改变头脑中的想法。要做到这些并不容易（老实说，这项工作正在进展中）。受益于自己的一段外交工作经历，我的视野开阔了许多，让我看到赛艇之外更宽阔的世界，因此我在这方面也受益匪浅。我认识到，体育运动在很大程度上赋予人们一种变通技能，比如团队协作、管控压力、强化重点以及培养持久学习的心态等。尽管如此，从更深层面看，以悉尼奥运会上的失利来评判自己作为一名运动员或普通人的价值，以及由此引发的消极态度，这种意识确实需要进一步转变。

我知道，一个人既可以体验作为奥运选手的经历，又能在更广阔的基础上提升自己，这并非不可能。也就是说，你不仅在技术、力量和身体素质方面要做出努力，同时还要积极培养自己的思维模式、行为方式和人际关系。那时，在注重点滴收获的奥林匹克运动队中，这些都是运动员、教练员和心理学家们积极开拓的领域。从目前看，人们在身体方面的训练已经接近极限了。

当我重返赛艇运动时，发现那里的文化正在发生变化。虽然还按惯例对我们进行计时和测评，但我们已经有了改进训练方式的空间，效果要过一段时间才能显现。一项新的运动心理学方法正在英国奥运代表队中推广开来——密切关注运动表现的各个方面，从而为提高比赛成绩找到最佳方法。成绩仍然是衡量进步程度的有效标准，但这并不能可靠地预测未来的长期表现。在赛艇的日常训练中，要把重点放在有助于快速行进的各个要素上并使之效果最大化，同时让这些要素成为更有意义的胜利标准：既有交流又有力量；既讲协作又讲技术；既注重体力恢复又讲究体力的充分发挥；既讲思想准备又讲健康体魄。上述举措不一定能让你明天就划得更快，但对队员的长期表现至关重要。

动力的形成并非完全取决于比赛结果。有些方面你发挥得不错，而有的方面则需要有所改变。不管怎样，你总期待着提高自己。心理学家帮我们最大限度地发挥自己的水平，这已经成了衡量成功与否的一个标准。无论成功或失败，我的关注点仍放在自己每天的点滴进步上，否则，如果我只关注比赛结果，身心便会陷入跌宕起伏的情绪波动之中。在训练和能力发挥方面，这种态度也为我们提供了一种更为稳固和愉悦的方法。

一直以来，军队在执行力和领导力方面都发挥着表率作用。鉴于部队所面临的极端形势和对适应性的要求，西方军队在新兵招募和训练方面已经有了显著的变化。举个例子，美国海军陆战队的训练和军官选拔程序需耗时 10 周以上，涉及 20 个需要解决的问题；对候选人的评价取决于本人的特质，比如怎样管控压力、能否快速理解任务、能否很好地分派任务等。但能否成功完成某项具有挑战性的工作并不在考评之列。正如西蒙·斯涅克（Simon Sinek）[①] 说的那样："考官们知道，优秀的领导者有时候会遭遇失败，而不称职的领导者有时也能成功。取得胜利并不是使一个人必然成为领导者的因素，而展示出的优秀领导品质才能让一个人成为领导者。"从中我们可以看到，在事关高水平发挥及利害关系重大的环境下，人们在定义成功时做了进一步拓展，把重点放在心态、行为、人际关系、交流、协作能力及思想准备等方面。

---

① 西蒙·斯涅克是斯涅克营销咨询公司创始人、国际知名广告专业人士，被誉为领导力哲学第一人。——译者注

我重返赛场备战第三次奥运赛事的时候，出现的另一个变化就是我在观念上的转变。我知道，从返回赛场到下届奥运会开幕，中间仅有两年时间，之后我还会继续自己的外交生涯。我准备享受这段时光，心无旁骛，并不因缺乏获胜的可能性而给队友们投下些许心理阴影。当然，实际做起来并没那么容易，有时我心里也不是滋味，过去的那些想法总萦绕在自己（和别人）的脑海中，挥之不去。不过，我还是意识到，重返赛场让我风雨无阻，有更多时间待在漂浮于湖面上的小船里——这是我最熟悉的地方之一，这一点让我十分感念。以前，我一门心思想着结果、结果，这让我在四年中看不到快乐的光景，总纠结在"成功－失败"的二元思维中，心里充斥着反复遭受败绩的挫败感。现在，不管训练有多艰苦，不管划得是快还是慢，也不管身体多么疲劳，我都喜欢到户外去，坐在船上，感受这水在船下流动以及队友相随的美好时刻，欣赏着四季变换、如诗似画的自然风光。很显然，就成功而言，这种体验本身就是一项重要标准，真不知自己之前为什么就没意识到呢？

赛艇之外的一段职业生涯极大地拓宽了我的视野。在此基础上，我从容应对了后赛艇生涯的禁忌。与以前的观点不同，我深知这并不意味着自己不忠于或不热爱赛艇运动。构想奥运之后那令人兴奋的生活的确是一件让人振奋的事，让人不用再担心随之而来的空虚、寂寥和无所事事，我要抓住这最后机会再次冲击奥运会。

那时，我正开始为自己的第一次驻外生涯做着准备。此前我成功地谋得一份在波斯尼亚从事外交工作的岗位，任期将从 2004 年 10 月开始，距雅典奥运会结束也就几周的时间。无论是否能入选并参加雅典奥运会，无论取得什么样的成绩，我知道等待着自己的将是一种全新的生活（这也给我带来些许不同寻常的好处，那就是在训练之余，自己能学习塞尔维亚－克罗地亚语，为常住萨拉热窝做准备。在我身边的人看来，这似乎有点疯狂，但我喜欢这样）。这让我有了多重身份，而不再仅仅是一名运动员。在那些日子里，每当自己发挥不如意的时候，或者觉得自己力有不逮、开始落后的时候，由于对自己的认知更全面，我得以保持自己的状态并在第二天重新调整到位。

在做出重返赛场决定时，我依据的并非什么数据列表或冷冰冰的标准，而是受自我发现的驱动，表现为一种对学习的热忱和承担风险的意愿。对一个在学校里不太擅长体育、在参加过的两届奥运会上仅获得第七名和第九名但仍坚信会有更多斩获的人而言，弄清自己还会去争取哪些成绩，这就是所谓的自我发现。虽然并不知道除了再次籍籍无名之外还能取得什么成绩，但我还是很想试一把，争取能收获不同的体验。于是，我怀着惴惴不安的心情回来了。

在整个冬季测试期间，我的发挥都很好，在多个方面取得了此前不曾达到的成绩。终极测试是选拔奥运参赛队员的一个主要节点，此前我一直做得不错。然而，在自己的弱项——单人双桨赛艇的测试中，因诡异的侧风再加上长期的肩部疼痛，我没能进入教练心目中的最佳人选。实际上，这意味着一切都结束了。

一时间，我感到很沮丧，主要是因为自己没能展现出应有的能力。不过，经过这一系列的挫折和打击，我的感受却与悉尼奥运会后的感受不可同日而语。虽然自己很失望、心烦意乱，但我并不觉得自己一无是处、一文不值。我知道，自己已经做了各种尝试，在身体和精神方面都有所突破，并在这种重新回归和尝试中收获颇丰。我也知道，几天之后自己就可以收拾行装，电话告知外交部人事部门并回到工作岗位，一切都很好。实际上，对我而言，不仅如此，而且前景很美好。

几天后，当我正要向外交部报到时，主教练给我打来一通电话，说由于几个选手受了伤，人手不够，要我参加接下来的排位赛。阴差阳错之间，我进入了参赛名单——前四名参加四人双桨赛艇比赛，其后的两名选手参加双人双桨比赛；我和凯瑟琳名列第七名和第八名，将组对参加双人单桨比赛。

由于在2001年世锦赛上没能获得奖牌，没有哪位教练愿意让我们再次组对。不管怎样，我们知道这个项目保住了，真是来之不易，令人难以置信！对于这个项目，我们信心满满。不出几个星期，我们就参加了本赛季的第一场国际赛艇比赛。临行前，教练给我们附加了一个严苛的条件——如果不能赢得奖牌，就永远解散我们这对搭档。教练也是冒着风险给了我们第二次机会。尽管被教练多次警告，但我们在比赛中自由发挥，虽然着实让人捏了一把汗，但最终我们获得了银牌。在接下来的国际比赛中，教练给我们设定了相同的附加条件，这次我们获得了冠军；在随后的第三个国际赛事中，我们又收获了一枚铜牌。于是，我们被选中参加2003年8月在米兰举行的世界锦标赛。

那一次，我们很乐观，满怀对比赛的渴望来到米兰。但是，事情并不顺利，一些意想不到的情况严重影响了我们的比赛。那周一开始，我们的赛艇受损，而且还面临糟糕天气和伤痛的挑战。到半决赛时，我们才走上了正轨，但在比赛过程中凯瑟琳背部受了伤，而且还挺严重，后来勉强才从赛艇上走下来。当时，我们不能确定医生能否让她参加两天后的决赛，于是教练和医生在48小时内进行了多次磋商，希望能找到最好的解决办法。凯瑟琳不得不经常躺在地板上进行冰敷，同时做些伸展活动，我也不时躺在她身边，帮她做些伸展活动，或者一边读书一边陪着她。

直到决赛前夜的最后时刻，医生最终同意我们继续参赛。我俩如释重负，内心的喜悦油然而生。通常情况下，大赛前我会高度紧张，听其他运动员常说，那种紧张感就像有一把枪正顶着你的脑袋，那一刻你想的是赶紧逃走。这一次，对第二天如愿参加决赛我心怀感念，觉得无比幸福。这时，我们俩、教练以及支持团队在内的所有人早把结果抛之脑后，没人谈论取胜的事。对我们来说，这次决赛就是一起走出去，做些自己喜欢做的事，尽量把握好那250 次划桨动作，就像前几天我俩躺在地板上所设想的那样。

作为两个亲密无间的伙伴，我们满心欢喜地参加这次决赛。我们做了很好的热身准备，那赛艇划起来很轻松；经过两天的纠结、长时间平躺在地板上做着伸展运动，我们又回到赛艇上，那感觉十分美妙。甚至在一次练习出发的时候，我几乎撞到对手的赛艇上，然后又很酷地停在出发线上，那场面颇令人尴尬，也很滑稽。

比赛过程中，我们始终没有掉队；赛程进行到一半时，我们仅稍稍落后于领先者，始终紧紧咬住对手。在我们参加过的所有比赛中，这是最放松的一次，我们心无旁骛，注意力始终集中在划桨动作上，按计划把控节奏，根本无暇考虑名次、期待和结果。开始冲刺时，我们做着深呼吸，为肌肉提供大量氧气；一时间，艇身扬起，稍一用力就飞一般向前冲去。由于我们把所有精力都放在划船上面，几乎没意识到何时越过了终点线。正当我坐在赛艇上喘息之时，凯瑟琳指着湖岸旁的大屏幕冲着我大喊起来。我转过身来望去，看见我们的影像正在大屏幕上显示，而且还处于前排中心位置。

坦率地说，那天我几乎没考虑过输赢，却在世界大赛上获得了胜利，在每一位观众的见证下，我们超越了所有对手。从 4 月的最后选拔赛上险遭淘汰，再到四个月后成为世界冠军，几个月来的经历恍如隔世。于是，我们也成了首次赢得该项赛事世界冠军的英国女子运动员。

第一次站在领奖台中央，听到国歌奏响的那一刻，我们内心无比喜悦。

从那时起，作为运动员，我开始以另一种姿态出现在众人面前，外界对我的认可的确令人激动不已。其实，我的收获远不止站在台上领奖的那一刻，因为我已经找到了定义成功以及如何收获成功的更好方法。这是一个起点，从此，我们开启了一个新的境界、一种新的方法，并逐渐形成一种新的思维方式，我权且把它称之为长期思维。

长期思维的 3C 理念

长期思维来自各种叙事、研究以及个人经历，即 3C 理念：厘清思路（clarity）、持续学习（constant learning）、相互联系（connection）。通过对心理学、人类学等不同领域的学习以及对组织机构的研究，加上自己的奥运及外交经历，再结合领导人的内在视野，我学到了很多道理，感悟颇多。无论作为个人或团体，哪些因素能真正助力我们做最好的自我、哪些因素会阻碍我们前行、怎样对周围世界产生积极的影响并把握机会成就自己，在解答这些问题的过程中，上述经历和学习令我受益匪浅，指引我在思想、行动和处理人际关系方面更上一层楼。而 3C 理念指的是以下三个关键方面。

1. **厘清思路**。搞清楚什么东西对我们最重要；就长期而言，胜利是什么，对此我们要具备一种更开阔的视野；明确自己想获得什么样的经历。在这些方面，仅依靠一些短期指标或结果是不够的。明确问题、厘清思路，就是要在生活中多问几个为什么，它是一种目标意识，同时也折射出自己试图对周边世界发挥影响的观点。

2. **持续学习**。做任何事都要具备持续学习的精神；用自身成长而非外在结果（通常让我们有机会使结果最大化）定义自己的成功。如此，我们就会在做事时把重点放在如何去做上面，让我们在单位和家里做些什么、无休止的待办事项及成绩核查清单（通常控制着我们的生活）之间进行综合平衡，从而确保我们即使在失败中也能成长和发展。

3. **相互联系**。积极建立联系，做任何事的时候都要优先在人际关系方面进行投入。在生活中，把重点放在人上，如同事、伙伴、朋友、社交网络里的其他人以及那些我们尚未建立联系但将来有可能进行合作的人。我们要积极发展与他人的关系，不应拿自己与他人对比，避免深陷生活中那种竞争性的零和游戏窠臼。在这方面，我们该怎么做呢？

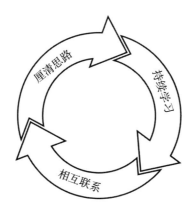

厘清思路、持续学习和相互联系并非规定性动作，也不是甘特图中用于项目管理的关键业绩指标。它们是一种开放性的动态主题，目的是帮助我们怎样去思考这个世界、如何看待身处这个世界中的自我、如何与他人进行沟通交流。我们需要培养和建立更具意义的人际关系，以便共同完成单凭一己之力无法胜任的工作。在此过程中，3C 法应运而出，助力我们形成正确的思维模式，改变并调整我们自己的行为方式。正如戴维·布鲁克斯（David Brooks）在其所著的《社会性动物》（*The Social Animal*）一书中所阐述的那样，成功并不是生活表面所发生的那些事，而是深藏于对我们有重要影响的"情感、直觉、偏见、期望、遗传天性、品格特征、社会规范等这类更深层次的潜意识范畴当中，我们从中可以进行选择，决定哪些应该坚持下去，哪些应该提出挑战。"长期思维就是对影响我们追求成功的诸多因素进行全方位思考和把握。

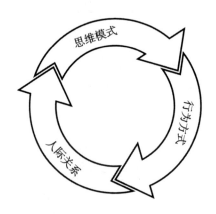

在我工作过的每个组织或机构里，厘清思路、持续学习和相互联系这三个循环都是不可或缺的。各种讨论、交谈、会议和研讨都反映出领导者的期待以及制约着他们的问题。3C 理念的综合运用为个人、团队和组织开辟了一种全新的着眼于长远的思维模式，同时也为人们提供了一种方法，使其摆脱了长期以来深陷其中的行为方式。

当人们建立工作场所、体育俱乐部或学校时，并非都为了采用不同的方法做事，也不是为了我们在思维、信仰、行为、习惯形成及互动过程中提供支持。尽管如此，在影响我们探索、实践和发展过程中，几乎都会涉及 3C 理念。

践行 3C 理念需要我们主动做出选择，又要谨慎行事。当我们敞开心扉去发现生活中的诸多"为什么"，不断提高自己并与他人进行更深层次的交流时，这些实践能为我们带来乐趣，能提升我们的能力，并让我们找到自己所作所为的意义。同时，3C 还能帮助我们与周围的人建立起良好关系，有助于摒弃为了获胜而不惜一切的狭隘、局限和短视的认知。

在接下来的几章里,我们将分别介绍厘清思路、持续学习和相互联系这三个方面的内涵,探讨怎样运用三者助力我们摆脱"永远争第一"的偏执理念,以及如何把长期思维付诸实践的方式。诚然,本书并不是一本权威的入门手册,它只是汇集了一系列想法、建议和例证,以便能帮助自己开发这些领域;同时本书还通过提问帮助我们继续开发自身潜能,拓展宏伟目标。

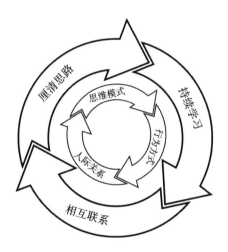

第 10 章

为成功再下定义：厘清思路对长期思维的意义

怎样才算成功呢？

我曾在悉尼败走麦城。为了不让我重蹈覆辙，我的一些朋友老是紧张兮兮的，劝我三思而行，别老想着参加雅典奥运会的事："别再玩赛艇了，以前的事已经过去，你得开始新的生活。"此后的日子对我而言是一个承前启后、继往开来的分水岭，前面要走的这一步对我至关重要。我的目标当然是拿金牌，但绝非仅仅如此。经过综合分析，就我的条件而言，金牌基本上没什么指望，所以我需要建立一种信念，至少在某些方面有所收获，而且还得物有所值。

要搞清楚哪些事情对你最重要，这往往是一个紧迫、连续和动态的过程，在此期间你必须深入思考、倾听、理解和演绎。这个过程并没有一个终结点：它不是另一套你要标注和遵从的标准。而且，这事不应该是抽象的，也不应该与我们的日常生活脱节，因而，不能让那些不相干的人去做评判者。就我们自身及周边的人而言，这是一种正在进行的探索，我们必须弄清哪些事是现实可行的。

要厘清哪些事对我们最重要，这其中涉及两个核心概念——目标和观念。这二者之间紧密联系，我想有必要多费些笔墨深入讨论一番。

专注目标：什么才是最重要的

提问对开发思维的作用决不能小觑。相对于每天按部就班或统筹安排的工作，把关注点放在对自身最重要的事情上，这才是值得你早上起床去干的事。与其把注意力放在每天要处理的一长串任务清单上，不如问一问自己能给家庭、团队、社区以及社会带来什么变化。哪些事在驱使着你、哪些事是你最关心的、哪些事能为你增添能量，等等，这些你都要仔细梳理，使之系统化。别老整天纠结于工作和生活上的诸多难题，要时刻牢记自己的强项和优势，想想以后如何将其充分发挥出来。你应该思考长期效果，把自己的事做好，给后人留点东西。把关注点放在自己今天能做的事情上，这会让你距离目标更进一步。以后，每当回顾往事的时候，我们扪心自问，这些行动和选择对自己意味着什么呢？这类问题有助于我们聆听来自内心的对话 ——我们是谁？自己周边的环境是什么？于是，我们便在不经意间将自己与这些问题联系在一起了。

成功基于一项或一套衡量标准

（例如：级别考试、比赛结果或年度收益）

成功建立在现行的、多重的以及有现实意义的评判标准之上：

结果或结局的范围

对你有重要意义的其他领域

你想投入和开发的人际关系

你想自己拥有、也想让他人所拥有的体验

学习和开发的领域

社会环境对更广阔领域的影响

　　关于我们自己，你要在头脑里先问个"为什么"。外部世界是什么样子、怎样才能更好地适应这个世界以及怎样才能对其有所贡献？在考虑这些问题之前，我们要把问题想清楚。这些问题看似简单，但要回答却并不容易。别等下雨了再去找伞，要在生活中的每时每刻思考这些问题。为了帮助思考，请关注以下两个问题。

1. 什么原因让你早早起床？我指的不是咖啡、闹钟和孩子们，我的意思是说，当你清晨醒来并考虑新的一天要怎么过的时候，你感觉到了什么。你知道这一天里自己要干成什么事情吗（不需要无止境的高效劳作）？你每天都在盼望着什么？夜晚，当自己回忆一天的工作和生活时，哪些事让你觉这一天过得"物有所值"？回答这些简单的问题能让你唤起内心的活力，从而把我们与关乎自身的那些重要事情联系在一起。

你是否经常问自己这些简单的问题？我常向身边的人这样提问，得到的回答往往是"从来没有"或者"很少"。在备战奥运会的时候，我每天都向自己提出这些问题，部分原因是当闹钟响起的时候，身上的某些部分并未进入状态，所以我意识到自己应该在第一时间向大脑发出信息。醒来的时候，腿、背、肩膀、大胯、胳膊等，浑身哪儿都疼；这时，我真的需要一个过硬的理由，说服自己克服这些阻止我起床的生理性因素，挣扎着离开床铺。不顾身体上的诸多不适或出于习惯早早起床，这些还不够，我需要做的不仅是按时起床，还要让自己处于最佳精神状态，做好准备，力争在那一天拓展自己的身体和精神边界，并通过学习拓展自己的能力。

每天向自己提出这些问题已经成了自己思考的一部分，即便离开体育界之后，我仍保留着这个习惯。有的时候，我确实不能确定自己是否找到了足够好的答案。由于认识到这一点，我便逐渐开始了解个中原因并进行必要的调整。类似问题让我们认清自己，有助于将我们与自己该做的事联系起来。以前，自己仅片面依赖各项保障措施和安排，比如闹钟、训练次数、早上的电子日历及"待办事项"中的其他安排；现在，通过对上述问题的回答，我们便能激活大脑中的其他部分。

提出这些问题，既不是为了备战奥运会去做心理准备，也不是为了促进世界和平，而是要让你认识到每天要干的事以及自己能为身边的世界做点什么。同时，通过这些问题，我们把自己和那些对自身有重要意义的事物联系在一起，赋予其意义。在此基础上，我们得以做出主动选择，而非仅仅像机器人那样按部就班地重复自己的习惯。休·坎贝尔女爵（Dame Sue Campbell）是体育界富有感召力的领导者，我记得她曾提醒过其他领导者："没有人为了所谓的关键业绩指标而早早起床！"伦敦商学院教授丹·凯布尔（Dan Cable）在其研究报告中持相同观点，他发现，关键业绩指标以及奖励、惩罚措施的促进作用有限，带来的变化很小。而立意高远、富有激情、对新事物的探索和尝试以及榜样的力量，才能让人发生显著的改变。

行为心理学研究表明，搞清哪些事对自己最重要，以及这些事与自身之外的更大目标之间的关系，这往往是一项关键的驱动因素。假如你没搞清哪些因素在激发你的活力并驱使你向前，那么你将很难找准自己的工作方向并营造一种实现该目标的生活。如果不能首先搞清楚关键问题所在，你同样很难具备驾驭团队或组织机构所要求的更宽广的视野。

回答完上述问题，请仔细考虑一下，你是否知道自己的同事、队友或家庭成员的答案。如果不知道他们的想法，我绝不会到这种团队去工作。通常情况下，我并不太在意同事们个人简历上罗列的那些资质和技能，因为这些资料最多只能说明某个人的早期教育情况。反之，如果需要我和团队中的人一起密切协作、开展工作，这时我就要知道他们到底是什么样的人，是什么因素让他们行动起来，他们真正关注的是什么。只有这样，我们才能共同开辟一种有效途径，并在此基础上一起开展工作，理解相互之间的差异，处理好由此引起的各种利益冲突，并充分发挥集体的力量。弄清同事们怎样回答这些问题，我们便可以从中找到力量并建立起联系，这无疑为我们开发了一项重要资源。在职场中，人们都想在业绩表现和专注度方面有所提升，有鉴于此，这种资源便更显得弥足珍贵。要达成这种效果，除了提高手段、效率、理顺关系之外，还应该拓展管理的范围。

作为个人，我们到底是什么人。这个问题提出之后，我们便准备把目光移到自身之外，让我们与周边的世界联系在一起，同时看一看我们能做点什么。

2. 你想做出什么改变呢？我们是谁？如何把我们与周边的世界联系在一起？这个标题有助于此问题的解决。我们想发挥哪些更深远的影响？与其他人一起工作或身处同一个团队，我们希望别人能够体验到什么？我们想看到世界发生哪些变化，我们在其中能做些什么？在这些方面构建起一层层的清晰概念有助于我们超越短期行为，从中发现新的意义并找到持久的动力源泉。

从董事长到行政助理，无论在哪个层级工作，你的贡献并不取决于薪资水平。肯尼迪总统巡视美国航空航天局（NASA）时有一段广为流传的轶事就充分说明了这一点。当他访问航天局时，总统遇见了一名穿白褂、戴白帽的男士，于是问他是做什么的。他一脸自信地立即答道："我正在帮助一个人登上月球。"总统追问他具体干什么工作，他说自己是一名清洁工。这名清洁工知道，他要保持环境一尘不染，确保没有任何脏东西进入航天器中。

飞船高速穿越大气层时承受着巨大压力，如果飞船结构中有砂砾进入会引发致命后果。人们讲述这段轶事时往往忽略了一点，那就是这个工友不仅清楚地知道自己的工作事关这次飞行任务，而且高度重视，坚信自己所做的一切对任务的顺利执行不可或缺。在我们所了解的机构中，有多少人能像这位员工这样回答问题呢？

将个人与某一宏伟目标相结合，这种联系本身无疑就是一种强大力量。在《百年兴盛的组织》（*How Winning Organizations Last 100 Years*）这篇文章中，亚历克斯·希尔（Alex Hill）、利兹·梅隆（Liz Mellon）、米尔斯·戈达德（Jules Goddard）对不同领域的一些长盛不衰的组织进行了研究，其中包括皇家莎士比亚公司（Royal Shakespeare Company）、美国航空航天局及伊顿公学（Eton College）等。研究表明：

> 多数商业组织往往把精力放在服务顾客、占有资源、提升效率和企业成长方面。然而，这些百年老店却不是这样，它们要做的是努力塑造社会、共享专业人才，所关注的是如何做得更好而非让规模越来越大。

这些组织的所有权及其治理结构各异，但毫无疑问，这对营造一种以实现长期目标为核心的经营环境至关重要。

吉姆·科林斯（Jim Collins）[①] 将目标描述为"额外的维度"。据此，我们可以找出哪些因素能让一家公司实现从优异到伟大的跨越。苹果公司奠基人史蒂夫·乔布斯笃信目标的力量，他执着于对卓越产品的追求，并在此过程中经受住短期目标所带来的压力。他的目标从来不是在竞争中击败对手或赚取大把的钞票，相反，他要推出某种自己和同事们都深信不疑的产品并以此改变消费者的生活。有些公司对长期思维情有独钟，在企业经营的背景下，它们所使用的语言不同以往，听起来与众不同，让人有异样的感觉。早在 1977 年，史蒂夫·乔布斯和史蒂夫·沃兹尼亚克（Steve Wozniak）在谈及他们的工作时就坦言，他们的工作就是"致力于为人类赋能"。在新闻宣传上，苹果公司一直用"赋能"这个词作为结束语，声称自己的"十多万员工

---

① 吉姆·科林斯，曾在斯坦福大学任教，曾获斯坦福大学商学院杰出教学奖。先后任职于麦肯锡公司和惠普公司。与杰里·I.波勒斯合著了《基业长青：企业永续经营的准则》（*Built to Last: Successful Habits of Visionary Compaines*）一书，也是《哈佛商业评论》撰稿人。——译者注

正致力于生产地球上最好的产品，让地球变得比我们看到的更美好"。联合利华（Unilever）的"可持续性生活开发计划"旨在逐步让其增长从对环境的依赖中分离出来，同时为配合联合国可持续发展目标的实现，积极提升公司对社会的影响。

谷歌的目标是"汇集全球信息资源，让世界上每个人都能从中受益"。承载这些目标的语言要强调的是如何让企业做得更好而非做大做强，这个过程既渲染了企业的雄心壮志，又透着一种责任感。我们发现，这些企业已经了解并接受了 3C 理念：厘清思路、持续学习和相互联系，并将其有机地运用于自己的实践之中。

了解自己做某件事的缘由、搞清哪些事对我们的生活有意义（或者没有意义），这对我们都很重要。在这方面，无论维克托·弗兰克尔（Victor Frankl）的经典著作《活出生命的意义》(Mans Search for Meaning)、西蒙·斯涅克的畅销书《从"为什么"开始》(Start with Why)，还是有关目标力量的大量研究，其中都不乏真知灼见。对战争的隐喻以及对他人进行控制和支配的成见，常见于那些狭隘的胜利叙事当中；在这方面，目标也能为我们提供另一种可选择的语言。

2016 年，《哈佛商业评论》与安永会计师事务所推出了一项调查结果，对"以目标为导向的商业范例"进行了检验。目标的定义是："一项鼓舞人心的理由，旨在号召某一组织、合作伙伴和利益攸关方积极行动起来，并为当地和全世界带来利益……有明确目标的公司能赚到更多钱、拥有更敬业的员工、更忠诚的客户，在创新和变革方面做得也更好。你对比赛越关注就越容易获得比赛的胜利。"（请注意，通常情况下，人们不会想到把"关注"的概念与商业上的成功联系在一起，它与主导、竞争和战斗型语言相去甚远。）

在这项调查中，哈佛大学教授丽贝卡·亨德森（Rebecca Henderson）是这样解释的：

> 自己正置身于一项更伟大的事业，成了其中的一分子，这种认知会让你积极投入其中，发挥高水平的创造力，并愿意在公司的不同职能和产品之间跨界开展合作，并在此过程中迸发出巨大力量。……一旦跨越了某个财务门槛，许多人便能认识到其内在意义，觉得自己正在为一项值得以身相许的事业做着某种贡献并深受鼓舞，其效果一点也不亚于金钱和社会地位对他们的激励作用。

近几代人正在加入日益多样化的劳动者大军，他们身上寄托着不同以往的期待和抱负。长期以来，许多企业存在的意义就是提供商品或服务，不断满足顾客的需求。面对股东和客户的压力，为了适应短期目标，企业对内部制度、激励措施、目标和结构等不断进行强化，很少考虑企业自身的长远目标。当员工为了某个目标而开启一段职业生涯或做出某些工作决定时，这些制度便不再有意义了。

在这个领域，各种研究、立法和倡议与日俱增。有资料显示，在这一过程中，那些兼顾环境、社会和治理（ESG）数据的公司往往能做出更好的投资决策，业绩也超过同行。2007 年，始于美国的"共益企业"运动（B Corporation Movement）如今已经遍及 60 多个国家。该运动旨在依据企业在社会和环境方面的表现，为相关企业提供证明。有人担心，对目标的强调很可能会分散或转移企业的注意力，从而影响到企业的业绩，而实际情况却是，这项运动提升了股东的价值追求，成就了一种双赢局面。

2013 年，英国政府通过了一项社会价值法案，要求公共事业机构在通过招标选择合作企业时，要考虑其相关的社会价值，提高中标的条件和标准，不能仅看财务方面的报价。同年，八国集团建立了一个全球影响力投资指导小组（The Global Steering Group for Impact Investment，GSG）①，其后，又成立了指导委员会。这些政治举措表明，八国集团有意在更广泛领域扩大社会和环境影响（虽然在讨论量化和奖励措施过程中，上述机构仍没理出头绪）。

2019 年，由 180 多位企业领导人参加的商业企业圆桌会议（US Business Roundtable）②一改过去 10 年所秉持的"股东至上"信条，敦促企业在追求利润的同时把保护环境、关注工人福祉置于优先地位。亚马逊和摩根大通的首席执行官也参加了这次圆桌会议，在声明中，他们谈到长期价值和为他人服务的问题。同年，英国董事学会（UK Institute of Directors）发表的《公司治理宣言》中包括一项倡议，号召各企业积极阐明自己的目标。为什么企业要把目标置于利润之前？英国国家学术院（British Academy）③对这一议题进行了广泛研究，并在此基础上发表了题为《企业目标原则》的报告。对于目标导向企业，要寻找支持它们的种种理由并不困难。然而，观念的改变以及弥合知与行之间的割裂状态，为什么会花掉这么多的时间呢？企业目标正在迅速成为一种全球化现象，但将其付诸实施的行动却异常缓慢，确实令人费解。米尔顿·弗里德曼（Milton Friedman）④认为公司的目标就是挣钱，虽然广受人们质疑，但对于这方面的其他观点，人们仍未形成明确的认识。

从一种浅薄的物质追求向更深层次追求的转变过程中，人们需要在文化

---

① 全球影响力投资指导小组是一个独立的全球指导小组，推动投资和企业发展，着眼于保护人类和地球。目前成员包括欧盟和其他 33 个国家，以及一些观察员。——译者注

② 商业圆桌会议是美国一家重要的商业组织，由近 200 位美国大公司首席执行官组成。——译者注

③ 英国国家学术院成立于 1902 年，又称不列颠学院或英国学会，是英国人文和社会科学领域的国家学术院。——译者注

④ 米尔顿·弗里德曼是美国经济学家，1976 年度诺贝尔经济学奖获得者。——译者注

上有所改变，以求在心态、行为和人际关系方面有所变化。对这些目标例证、报告及现存目标的表述等，我们要进行仔细的梳理，将其归纳为与以往不同的思想、工作和相互之间的沟通方式。这些你无法在表格中寻觅的东西却决定了企业的表现，而相关的业绩以后便会体现在表格当中。正如曾担任过首席执行官的作家罗伯特·菲利普斯（Robert Phillips）强调的那样："虽然也承认目标导向的社会的必要性以及在商业方面的优势，但仍有许多领导人在企业文化或运行架构方面存在缺失，无法使这一转变成为现实……"在一系列持久的人际关系，以及对员工、客户、供货商、社区、监管机构、下一代人和投资者的各种保证、承诺和期许方面，上述以目标为导向的企业会是什么样的呢？菲利普斯对此作了进一步解读。他指出，通过某些标准来界定目标，往往让人陷入一种困境，容易误入歧途，这种情况我们在之前的章节里已经谈到了。对此，要时刻保持警惕，确保领导人能真正考虑每个相关人员长期工作的需要。

由于工作原因，我经常抽出几天时间参加企业年度及战略规划会议。这类会议通常每年或每半年举行一次，内容涉及企业目标或使命等议题。参加会议的都是各方杰出人士，会场布置得富丽堂皇，讨论也充满了善意，午餐相当丰盛。但是，这并不意味着制定的目标就能发挥作用，充其量只是迈出了有意义的第一步。如果讨论结果在会后没有付诸实施，那么这类会议便毫无意义。在工作中，我们需要在各种压力下进行交流或做出决定，这时如果我们不经常问个"为什么"，那么目标便不能对企业发挥引领作用。

有一次，我应邀与某一团队共同开展工作以帮助它们构建企业目标和企业文化。我做的第一件事就是问他们团队为什么存在，怎样做才能实现更广泛的企业目标。作为企业的一项核心内容，目标和文化能告诉我他们在做些什么，但我却发现他们很难说清自己为什么要这样做。关于团队如何调整自身以更好适应公司目标的问题，人力资源经理告诉我，由于领导层人事变动，公司尚未制定总体目标，这事就拖下来了，在这种情况下，公司先这么按部就班地干着。对企业而言，这是一个很奇怪的逻辑。如果不能与更宏伟的蓝图进行有机衔接，我们怎样才能围绕团队目标、工作方式及企业文化构建起相关的意识呢？当然，即使尚未设定正式目标，企业也可选择暂时不做澄清，让员工在这种悬空状态下开展工作，任凭他们对公司的目标作各种各样的猜想，或者游离于他们为之工作的更大价值和目标之外。

我们都有过这种经历，就是参加了某些会议但并不知道召开的原因，或者参与了某个项目但并不理解它与某个更宏伟目标之间的关系。每当这种时候，我们在无形中限制了自己，压抑了应有的可能性。

纵观各种体育运动，人们满怀创意和激情探索着自己的目标，这方面的例子比比皆是，团体项目尤为突出。到了一定水平之后，多数团队仅靠提高训练强度、延长训练时间并不能提高自己的成绩。让队伍发挥更大潜能、实现"1+1>2"的效果，这种努力往往促使团队不断开拓各种可能性，其中就包括如何挖掘"目标"对业绩的影响。有些运动队或俱乐部在这方面很超前，已经着手构建与以往不同的理念、文化以及更深层次的目标意识。

举世闻名的巴塞罗那足球俱乐部在其名牌下方标注了几个字"mes que un club"（不仅是个俱乐部），表明自己绝非一家体育俱乐部那么简单。它的全部内涵与西班牙加泰罗尼亚地区长期以来不屈不挠地追求独立的历史和政治诉求紧密联系在一起。其意义则更加深远，有时能帮助抵消球队备战下一场比赛时面对的巨大压力。球员们为加泰罗尼亚而战、为自由而战。当今的足球赛场，每支球队都在为赢得下一场比赛承受着巨大的短期压力，正是由于秉持了上述理念，巴塞罗那队才得以在赛场上长久立足。

新西兰全黑橄榄球队（New Zealand All Blacks）取得的胜绩令人难以置

信，为我们提供了另一个典型范例。长期以来，球队把自己与国家的历史、传统和文化紧密联系在一起。"如何回答全黑队的竞争优势是什么？"这个问题，关键一点在于他们驾驭球队文化及核心叙事的能力，而这种能力的获得是通过把球员的个人价值与某一更高目标结合在一起而实现的。对于附着于价值之上的文化、目标、责任、学习和传承等问题，詹姆斯·克尔（James Kerr）在《全黑军团：向世界冠军球队学习长赢法则》（Legacy）一书中，与我们分享了自己的真知灼见。"把球衣留在更好的地方"这句全黑队的名训，赋予了人们神奇的目标意识、深刻的洞察力和谦逊的态度，而这些品质能为持续的高水平发挥奠定坚实基础。全黑队有一句口号："更好的人成就更好的全黑。"人们深知，秉持这种理念不仅能提升队员的现场表现，而且确保球员们在赛场之外也能投入精力，有所作为。

在 2016 年里约奥运会上，被人们昵称为"历史创造者"的英国女子曲棍球队为人们生动诠释了这种与生俱来的目标意识。这说起来简直令人不可思议，经过激烈的比赛，她们打败了夺冠热门荷兰队并最终赢得金牌。这两支球队在技术上并没什么差异，如果说有一点点的话，那么荷兰人的水平可能略胜一筹。比赛过程跌宕起伏、扣人心弦，朝气蓬勃的英国队运用不同战术积极应对，最后赢得罚球机会。英国队的这种激情彰显了两支球队的不同风格。球队在为之拼搏的事业之上寄托着更深远的内涵，她们把自己的文化根植其中，这样有助于自己在比赛中发挥最佳水平。多年来，她们付出了大量时间和精力，努力营造一种目标驱动的文化。球队的口号和使命是"创造新历史，激励一代人"——注意！这里并没提获胜和金牌的事。正是在这种更博大的使命感的激励下，姑娘们发挥出自己的最高水平并最终摘取里约奥运会的金牌。

在体育方面，最令我感动的经历之一是，在同一比赛场地观看牛津 – 剑桥女子划船比赛。一直以来，这是男子间的一项著名赛事，其历史可以追溯到 1828 年。20 世纪 90 年代，当时我还是个学生，有人跟我说女子运动不能与男子运动相提并论，这可不是一蹴而就的事。然而，在身边众多业内外人士多年的艰苦努力下，这项赛事终于在 2015 年梦想成真。虽然身着淡蓝色运动服的剑桥队输掉了那天的比赛，但比赛的意义远大于比赛结果本身，它向世人宣示了平等、进步以及对现状的挑战。只有当比赛的意义超越比赛结果的时候，我们才能体验到体育运动本身所蕴含的更加磅礴的力量和潜能。

许多著名慈善组织和基金会常常以体育赛事的形式为他人提供帮助，并在国家和国际层面应对一些重大社会性问题。在波斯尼亚，我曾见识过人们把足球当成一种教育孩子识别地雷的方法。另外，我还领略了体育运动激发那些身为弱势群体的孩子们去拓展自己潜能的过程。我发现，当与某一种更宏伟的目标相结合的时候，体育运动（以及运动员）便能实现自身最大的价值。不止一个奥运冠军跟我说过，为慈善事业和基金会做事比之前单纯的体育竞技，能给自己带来更有意义的人生。

目标意识以及与之相伴的社会责任感要求我们具备更深邃的洞察力、保持与周围世界的联系，并在此基础上践行 3C 理念中的第三个 C——相互联系。没人能通过某项季度性成果实现人生目标，也不能靠自己总结出自身在团队中的作用。

对事物有正确认知：立足长远，深入观察目标

向自己提问对自我进行深入观察非常关键。我们不要总盯着短期目标不放，相反，我们应考虑用较长时间去实现那些短期目标。与其关注某一时刻要实现的目标，比如金牌、提拔或通过考试等，我们不妨把眼光放长远一点，

考虑一下这些东西对我们今后的生活有什么意义。如果你成功了，周围的世界又会有什么不同呢？你想让别人有什么不同的感受吗？现在，让我们回到当下。为立足长远，你今天能为自己做什么安排？有些东西虽然短期内派不上用场，但对实现长远目标却十分关键，在这方面你能做些什么呢？你怎样去检视并进一步开阔这些领域呢？危急时刻方能见真知。我们要在发展变化中开阔视野，从而更好地驾驭自己的决定、优先事项和相应的反应，这才是我们面临的挑战。

对事物要有正确的认知，其意义非常重大。我们需要一种有助于塑造自己如何进行思考、行动以及与他人互动的认知。然而，我们每隔多长时间才去思考并有意识地形成这种认知呢？通过提出目标确定"最重要的事项"，这种方法已经开始拓展胜利意义的范畴。聚焦我们业已形成的认知，能进一步拓展这一范畴。纵观我们见识过的许多事例：赢得金牌之后的空虚感、挣到高薪和巨额奖金后的失落感，等等，这一切都说明，有意义的成功并非来自那些瞬间或一次性目标的实现。在那些瞬间之外，如果不与某些具有重要意义的事项联系在一起，即便那些看似一把定输赢的活动，比如奥运会，如果没有与超越那一瞬间的重要事物相关联，也被认为缺乏意义和满足感。

长期思维在两个方向上拓展了我们的视野：首先，正如前面讨论过的那样，要与长远目标联系在一起；其次，在不依赖结果的情况下，思考一下你每一天怎样才能体验到自己的成功。假如我们仅注重短期目标或时限，那么有许多事情就没必要今天去投入，比如沟通、尝试、培植友谊等。然而，如果把今天和长远目标联系起来，则今天的成功有赖于我们对那些能为实现长期目标发挥重要作用的事项进行投入——构建合作伙伴关系、创新工作方式和多花时间深入思考。

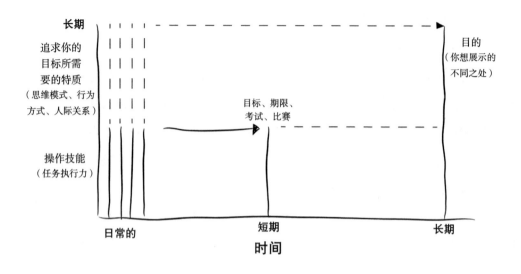

培养一种注重发挥的思维模式

这种思维模式与运动心理学上的一项重要变化相辅相成，且在许多知名体育团队的训练和比赛过程中普遍存在。在我第三次参加奥运会比赛的过程中，对于现场发挥和成功等问题，我有了自己的思考，认为上述思维模式对我在这方面的思考发挥了关键作用。

记得在一次国际赛艇比赛上，我终于赢得了胜利，此前我在国际赛事方面胜绩寥寥。这次又重温了胜利的感觉，放松、喜悦之情溢于言表。从哪个方面来说，我们在本次比赛中的表现都不是最佳的，但结果却很好。通常情况下，我在这方面的体验正好相反。我们划着赛艇返回港湾去见教练，然而他看起来并不高兴："结果不错，告诉我你们在比赛中发挥的情况。"

大家都在庆祝胜利，理疗师和辅助团队的人围拢过来，向我们欢呼，有些人打算过来和我们热烈拥抱。走近时，我发现教练不仅没像往常那样拍拍我们的背部表示祝贺，而且我们之间的对话也只是简单地道贺，于是这些人开始犹豫起来。

我们觉得很委屈，心里有些不平：毕竟我们赢得了比赛，我们所做的一切不就是为了这种结果吗？接下来的谈话让我茅塞顿开，认识到对胜利进行重新定义的意义所在。

起初我们不知道怎样回答教练的问题，于是大家七嘴八舌，反复说获胜的感觉太美妙了。教练越听越生气："结果是不错，但我们谈的是比赛过程中的表现……大家都说说看。"一时间，我们意识到他关注的是什么，于是答道：

> 刚开始还不错，大家顺利完成了之前经常练习的几个关键动作，但向正常节奏的转换没达到预期的效果。我们需要及时找到一种持续的划桨节奏，但出发一段时间之后，划桨的频率还是太高。大家都知道，在奥运会之前我们必须把这种节奏调整好。遇到强劲的顺风时，我们就拼命划，这样船速减慢不大，但在其他情况，该策略就是一场灾难。我们各自都忙着加快节奏，很难照应同伴。之前，在训练时，我们经常演练一种稳健节奏，这有利于延长队员的划桨时间。这次到了比赛中段，我们既不能做出任何改变又无法根据风向进行调整。莫名其妙的是，在冲刺阶段我们竟磕磕绊绊地冲到前面。下次，我们不太可能这么幸运了。

教练对我们的现场发挥不太满意。相对而言，他对我们的回答要更满意一些，因为我们就如何提升临场发挥水平和比赛结果进行了思考。现在，我们正把临场发挥与比赛结果区别对待。只有对临场发挥进行深入分析，才能获得相关信息，从而在下一次比赛中加以改进。正所谓"吃一堑长一智"，只有对比赛中的表现进行回顾，才能搞清楚哪些地方做得好，哪些地方需要在训练中加以改进。我们从比赛结果中不仅无法获得相关信息，而且还会分散注意力，对以后的学习和提高也不会有什么帮助。

今天，对临场发挥和比赛结果区别对待，已经成为多数优秀运动员的一个良好习惯。这并不是说结果不重要，然而我们认识到，收获更好结果的方法就是聚焦于完善临场发挥的各种要素。没人能确定或控制比赛结果。要想获得某种结果，除自身因素之外还取决于一系列外部因素，如天气条件、裁判等，更别说你的竞争对手了。坐在出发线前做好充分发挥潜能的准备，与坐在同一地点并畅想自己获胜的感觉，二者有天壤之别，对这种差别我是有切身体会的。两种体验泾渭分明，相应的临场发挥通常也是如此。

在2003年的米兰世锦赛上，我和队友凯瑟琳战胜了所有对手。这次，我们不像之前那样过度关注比赛的胜负。出场比赛的时候，我们一直关注的并非比赛结果而是比赛过程中的发挥。我们在脑海里没什么预期目标，只是心无旁骛，一门心思把桨划好。这种差别十分细微但意义却很重大，对于在重压下充分发挥水平具有极为重要的积极意义。

我们的赛艇擦着水面好似飞起来一般，在离终点还有几米的地方超越了领先的三条赛艇。我们划得太投入了，根本没注意何时冲过了终点线。一时间，我忘却了满身的疲惫，内心的愉悦感油然而生：我们竭尽全力协调动作，划起来毫不费力，赛艇不断加速，势不可当，临场发挥达到了巅峰状态。过后，我才抬起头来环顾四周，看看比赛结果。这就是我经常早早起床，在赛艇上一练就是几个小时的结果。

我抬起头来，但不免又落入俗套，眼睛老是盯着大屏幕，总想看看比赛结果。这次胜利出乎我们的意料，此前我很少有如此高水平的发挥。毋庸置疑，有了这样优异的成绩，我在自己和别人眼里便有了一种久违的信任力，于是我终于可以松口气了。尽管如此，终点线前冲刺的那一刻仍令我刻骨铭心，这正是我每天训练时的那种感受，也是我热爱赛艇运动的原因所在，它激励我风雨无阻，一天两次，每周六天，多年来一直坚持训练的东西。这就是为什么我一直认为，如果一开始不喜欢某项运动，你就不可能赢得比赛的胜利；如果总想着争夺世界或奥运冠军，那也是很危险的。

沉浸在比赛之中、享受那美妙的瞬间，这些因素的作用巨大，无论把你带往何处，都会令你身心愉悦并充分发挥自己的水平。具有讽刺意味的是，人们往往一味追求某种结果，不顾一切赢得比赛，早把这种双赢理念抛之脑后。其实，我们从小就知道，大人们并不看重比赛本身，他们关注的只是某种结果。我曾经读过许多板球、足球运动员或奥运选手的访谈录，这些亲历各种大赛的人在比赛中并未享受到运动带来的快乐，相反，他们备受心理问题的困扰，很多人提前退役，还有些人远离体育赛事，进而去享受简单挥拍、击球或划桨所带来的轻松和惬意。

我曾见过许多杰出的运动员，在这些人当中，最真挚地热爱体育运动的人是富有传奇色彩的戴利·汤普森（Daley Thompson）。汤普森曾两次赢得奥林匹克十项全能冠军，名列最成功运动员榜单。我认为，他之所以有如此骄人的成就绝非一种巧合。汤普森很享受运动带给自己的乐趣，即便退役之后，他仍然在每周六早上到巴特西体育场，和朋友（即之前的竞技对手）一起进行训练。他把所有奖章都捐赠了出去，在他看来，给自己带来快乐的并不是这些金属片。每当有人问他为什么退役后仍然定期去训练场时，他总会反问："我和朋友在一起做这些事，乐在其中，为什么要停下来呢？"回过头来看，这些往事十分有趣，当时有些评论员和观众指责他对运动不严肃，有点儿戏，有负大家眼中的胜利者和英雄人物的形象。体育比赛中各种无形的压力如影随形，在那一刻能秉持达观态度、泰然处之恰是汤普森所具备的一种能力，而这种能力也成就了他的辉煌。那些责难他的人却无从欣赏这种能力。在备战悉尼奥运会时，我们训练得很辛苦，每次都竭尽全力。有关这段经历，记得他曾对我说过："你们太较真了，要学会享受其中的乐趣！"当时我一头雾水，心想："竞技比赛怎么能说成太较真呢？"事后我才对他的真知灼见有了新的认识。

不与竞技比赛紧密联系在一起，而是全身心地投入一项自己喜爱的运动，这种心态是让自己沉浸其中的关键所在，也是一种能够极致发挥、减少压力以及增强创造力的溢出状态。运动心理学家积极支持运动员远离"被结果绑架"的状态，希望他们把关注点放在当下，逐步调整自己并接受自己的所思所感。在这方面，一种有效的方法是经常让自己更多留意自己的关注点。

身体力行、沉浸其中是一种生理现象，它能涉及触发大脑中负责战斗或逃离的不同部分。处于溢出状态会让人获得极为兴奋的体验：全身心专注于某项活动本身，没有对失败的恐惧。这是一种永恒而不是昙花一现的概念，涉及一种内在价值而非外在标志或结果。这与非自我意识的专注很类似。心理学家亚伯拉罕·马斯洛（Abraham Maslow）将其描述为"巅峰体验"。有关研究已经成为心理学的一个分支——与运动心理学密切相关的积极心理学。虽然沉浸其中时这种心态经常与获胜表现联系在一起，但完全不关注胜负结果，才是能够成就出色表现的应有心态，理解这一点对我们十分重要。后来我发现，这种能力也是喜剧表演中即兴发挥的核心能力。一些想提高创造性思维和沟通能力的企业，有时也会邀请喜剧演员参与其中，目的是帮助员工重新激活大脑中负责嬉闹那个部分的功能（大脑的这部分功能多年来在学校和职场中一直备受压抑）。我记得曾有一个喜剧演员把经理们分成几个组，让他们轮流用一个字讲一个故事。看到经理们面对这种考验，那感觉棒极了。对故事的发展方向你无从控制，这取决于其他人怎么讲，你要做的只是聆听并及时应对。有的小组训练效果不错，妙趣横生，大伙完全沉浸其中，都仔细聆听别人发言；而有的组，一些人试图控制故事的走向，但在此过程中他们却让自己和其他人都不得要领；有些人想祭出某种"聪明策略"，结果却事与愿违，搞得一团糟，让整个小组都失去了目标，大家不知所云。总之，即兴表演的专家们都秉持了一项基本原则："你要为表演而表演，不要为了获胜去表演。"

然而，媒体始终关注的却是结果，这就是我们面临的残酷现实。尽管运动员关注的焦点、训练过程、训练方法和心理准备，以及杰出运动员和教练员的叙事都发生了不少变化，但在过去的几十年里，在我们的所见所闻中，大都没有什么实质性进展。如果想去找到一些新的变化，却常常在体育采访中看到相反的报道。一些重要赛事（如世界杯、英联邦运动会或奥运会等）之后，记者在采访时常提的问题是"得了第一、第二、第三、第四、第五名……你有什么感想"（鲜有采访第五名之后的情况）。运动员在回答时通常谈的都是临场发挥情况，很少提及排名，这与我们之前介绍的临场发挥心态如出一辙。最重要的是，运动员们已经习惯于思考和分析自己的能力和水平，所以他们的关注点并非比赛结果，而是自己是否已经发挥了"个人的最佳水平"。运动员们想从本次赛事中学到一些东西，争取有所提高，以便为下次比赛提供借鉴。

记得在赢得 2018 年英联邦运动会的一场比赛后，我曾看到奥运会游泳冠军和世界纪录保持者亚当·皮蒂（Adam Peaty）在接受采访时说，他对自己比赛中的表现不甚满意。他知道有些地方出问题了。当时，那位记者有点不理解："赢了怎样还会有问题呢？"对记者的困惑，亚当·皮蒂也是一脸茫然。皮蒂关注的是自己的现场发挥、哪些因素起了作用、哪些方面还有待提高。对他来说，比赛中的良好状态和赢得比赛是截然不同的两个概念。虽然感觉发挥上有点问题，但他一时还说不太清楚。结果，在几天以后的另一场比赛中，他只拿了第二，保持了四年之久的纪录就此结束。

那场比赛之后，这位记者有些失望，悄悄地问皮蒂在连续胜利后遭到失败有什么感受。这次，皮尔颇为坦然，因为他已经找到了答案。之前，虽赢得了比赛，但存在的问题却没搞清楚，现在不一样了，他相信自己和教练能处理好这些问题。对这次失败，记者和皮蒂的反应截然不同，二者在情绪和看法上的差异很说明问题。优秀运动员很注重临场发挥，这已经成了他们思考问题时的重要内容，但外界对此知识甚少，缺乏共鸣。

足球比赛结束后，对俱乐部经理们的采访常集中在输赢上，比如"这场球输了，你有什么感受？"或者"你对今天的进球（输球）怎么看？"经理们在访谈中往往会谈到球队的排名问题和进（失）球情况。这些人赢了球就意气风发，输了便悲观失望，心情就像坐过山车一般。而今，多数经理在回答问题时不像以前那样围绕着进球、失球展开，而是更多地集中在球场表现上："坦白地说，防守不错，但没能创造足够的进攻机会""中场很强，防守有待提高"。如果把关注点放在临场发挥上，那么不管比赛结果如何，你总能发现好的方面和需要进一步改进的地方。

我曾多年参与牛津－剑桥大学的赛艇比赛活动。一开始，我作为学生担任桨手，后来进入执行委员会并主持那里的工作。那些年，你常能听到电视评论员（我曾是其中一员）的报道，里面充斥着每年都使用的有关胜负的经典评论："这是泰晤士河上的一次角斗""非赢即输""没有为第二名准备奖项""获胜者是英雄，失败者什么都不是"。上述评论并不局限于解说室，几乎到处都能听到，整个世界好像充斥着输赢思维，根本无法避免。在我看来，这些观念不利于人们充分发挥自己的潜能。

记得那是 2015 年的伦敦，当时我们正备战第一次女子赛艇比赛。这项赛事将在那条有着悠久历史的经典赛道上进行，面对的是全球观众。我一开始就意识到要发挥运动心理学的作用，所以在这上面还要做些投入。几次奥运经历让我逐步培养起注重临场发挥的理念，并开始质疑以前那些角斗士般的叙事。我从那些叙事中看不出有什么内容能帮助学生们最大限度地发挥自己，而且还可能事与愿违。这项赛事在两校间延续了近 200 年，虽然里面蕴含着一种特有文化和神秘感，但却给失利一方的队员造成灾难性影响。其实，这本身毫无意义。我们都很清楚，各队都可能在某一次输掉比赛，这种结果是必然的。尽管我们总想尽其所能提高速度，但如果一方总获胜，那这项赛事是没法长久进行下去的。运气和才华自有其定数，不会总眷顾一方，任何一方都不可能永远获胜。这就意味着我们必须搞清自己为什么能赢、为什么会输。"输掉比赛的原因是……"直到现在，还有许多人不敢大声说出这句话。

我很清楚，有必要对获胜的意义进行重新定义：所谓胜利就是选手在比赛中发挥最佳状态、开发每名运动员的潜能、最大化地拓展其生命中那些珍贵的技能。上述技能是按照严谨、科学的计划通过艰苦的体育训练打磨出来的。尽管这是年度主要赛事，但作为俱乐部成员，我们必须提高自己的目标，不能仅仅满足于打败剑桥，否则我们便束缚了手脚，把自己的标准局限在他们身上。如果像坐过山车那样，在输赢之间宣泄自己的喜怒哀乐，我们便无法支持桨手们发掘潜能并逐年完善这项训练计划。众所周知，如果某一天输了比赛，大伙儿心情都不好过。然而，更重要的是回顾比赛过程，看看自己的现场发挥与最高水准还有哪些差距、哪些地方发挥得好、哪些地方还不到位，这样我们就能在来年的训练中加以借鉴（不论结果如何）。最重要的是由衷欣慰地看到学生们在本赛季中的收获：韧性、自我认知和相伴终生的朋友。这些收获将伴随他们的一生，这才是值得庆贺的。

奥运赛艇冠军本·亨特·戴维斯（Ben Hunt-Davis）在其撰写的《这样能

把船划得更快吗》（*Will It Make the Boat Go Faster?*）一书中坦言道："至关重要的一点是把临场发挥和结果区别对待，队员们在观念和行动上都发生了巨大变化。"要知道，在过去的近 10 年里，这支赛艇队在世界锦标赛和奥运会上一直徘徊于第六至第九名之间。在新理念的基础上，他们通过训练，在几乎所有方面都得到了改进并取得了惊人效果。2000 年悉尼奥运会上，这支赛艇队成了英国自 1912 年以来首次获得八人赛艇金牌的团队。

赢得冠军后，人们在媒体的大肆渲染中纷纷把注意力集中到该队的辉煌战果上。这时，戴维斯和该队全体队员已跻身获胜者精英俱乐部之列；他们的脖子上挂着奖牌接受采访，在领奖台上的照片到处播放。然而，多数报道并没提及他们取得如此辉煌战果的原因，其实这才是真正意味深长之处。一时间，队员们带着熠熠生辉的金牌出席各种活动，在晚宴致辞时也带着奖牌。实际上，真正对他们一生有意义的是收获奖牌的心路历程。如果让时间和精力集中于那些既重要又能自主掌控的因素上，这样队员们就能在赛场上充分发挥自己的水平。在戴维斯看来，他找到了一种构建企业的经营方略，并在此基础上着手改变相应的经营方式。戴维斯及其队友所取得的成绩，其意义远不止在悉尼奥运会上的那一历史时刻，但在报刊文章里和个人简历上，我们似乎只能看到那段辉煌却又狭隘的历史瞬间。

人们喜欢触摸奥运奖牌。奖牌十分珍贵，再加上围绕着它们的诸多往事，无形中又增添了某种魅力。在公司召开的会议上以及其他一些重要场合，奥运冠军都是备受欢迎的演讲嘉宾。几乎所有冠军在讲述时都沿用一个套路，先是各种挑战，然后披荆斩棘，最后终成正果。我认为，上述活动，当然也包括这些运动员，都没意识到这中间存在着一个巨大陷阱。除了一时激动不已、心潮澎湃之外，我认为现场观众在离开时并没带走任何包含持久价值的东西。简而言之，那些并非是科学和理性让我们去学习的内容。我们需要聆听那些与临场发挥有关的故事，其内容也应该更广泛、深厚，不能仅满足于"英雄之旅"般的程式化故事。唯有如此，我们才会思考这些故事对我们有什么参考价值，并从中学到一些对自身有用的东西。

2003 年，英国青年体育信托基金推出了一项计划，以确保奥运选手到学校演讲时不能简单地到场讲一下就匆匆离去。该基金会认识到，奥运选手到学校来一次，虽然一时能让学生如沐春风，但对他们的思想和行为难以产生持久的影响。实施这项计划的深意，就是要确保每名运动员在为期六个月的时间内至少到学校两次，并与学生参与的某个项目或活动结合在一起。目前，虽然活动还不够理想，但通过把奥运体验与学生的日常学习和学校生活相结合，学生们便有更多机会把这些内容融入自己的体验当中。

作为长期目标的一个重要方面，注重临场发挥对运动体验和比赛结果都有积极的促进作用。这类情形不仅适用于运动员，对企业员工也一样。特蕾莎·阿马比尔（Teresa Amabile）和史蒂文·克雷默（Steven Kramer）的研究表明，如果管理者想要增强员工的快乐感、敬业精神和创造力，相对于强调结果而言，把着力点放在日常工作更为关键。纵观各类工作场所，企业在管理和调动员工积极性方面的措施乏善可陈，两人对个中的原因开始有了更深入的认识。通过对记载每天重点事项的 12 000 项工作记录的研究和分析，阿马比尔和克雷默为我们描述了在内部工作生态中发挥关键作用的若干因素。其中，最能调动人们工作热情的因素是："在受人关注且富有意义的工作中取得进展……"，而这些工作进展能得到大家的认可。此外，人们相互之间的良性互动关系也很重要。而完成任务、取得丰硕成果，得了多少奖金，并不是关键因素。正如阿马比尔等人在一篇文章中所说的那样，"帮助（人们）实现自我，才能确保拥有良好的内部工作生态，才能充分发挥人的潜力"。

对于那些只关注结果的人而言，时间一长，如果他们能转移一下自己的关注点，就会认识到注重发挥的理念能为他们带来许多好处，这多少让人觉得有点自相矛盾。然而，如果你把关注点的转移视为唯一的收获，那就大错特错了。实际上，将发挥置于结果之上，还会改变某种工作环境下的价值观，进而改变所有当事人的体验。如果你认为取胜方式很重要，那么贪腐、欺诈、兴奋剂和霸凌行为在你的视野中便不会有一席之地；如果把发挥置于短期结果之上，那么我们对时间的认识也会发生改变。

训练长期主义的"脑回路"

一旦不再依赖短期结果评判自己的价值，我们便开始意识到自己正在进行的是一项长期事业，确切地说，我们需要转变思维方式。哲学家罗曼·克尔兹纳里奇（Roman Krznaric）认为大脑内的不同区域各有分工，我们可以从中进行选择性开发：要么开发大脑中适于长期思考和规划的那部分，他称之为"橡子大脑"（额叶）的那部分；要么开发大脑中负责短期效果的另一部分。要找到解决气候危机、人造生物、全球性流行病以及人工智能等问题带来的挑战，都需要我们进行认真思考，负重前行，即便不是几个世纪，至少也有几十年的路要走。

我们已经看到，我们在描绘胜利的光彩画卷中经历了许多，时间在这一过程中发挥了至关重要的作用。如果政府任期仅有四年，它自然会制定四年内便能实现的目标和任务。很明显，诸多全球性问题不可能在四年内得到解决，因此势必导致二者脱节。在经济领域，股票市场的定期报告制度、公司的季度或年度考核等，这一切都让人难于协调好当前工作与长期目标或效果之间的关系。有证据显示，长期来看，将二者协调一致能收到更好的效果。

但即便如此，人们在这方面的努力也不尽如人意。

在西方社会中，越来越多的组织、机构都在想方设法地改变以往的短期主义倾向。这方面有一个鲜活的例子，那就是埃里克·莱斯（Eric Ries）于2019年成立的长期股票交易所（Long-Term Stock Exchange，LTSE）[①]，他的初衷是让企业一方面摆脱短期业绩的羁绊，把重点放在长期经营上，同时设法尝试新办法为企业募集资金。在《精益创业》（*Lean Startup*）一书中，莱斯强调，在过去的 20 年时间里，上市融资的企业有所减少，部分原因是许多企业受困于来自短期投资者的压力。于是，他决定独辟蹊径，为企业家们排忧解难。

2017 年，为了响应包容性资本主义而开展的"堤岸"合作项目（Embankment Project for Inclusive Capitalism，EPIC）汇集了 30 多家全球性企业，共同开发、测试一种基础架构，以帮助企业衡量、报道自身创造的长期价值。这项为期 18 个月的合作项目与包容性资本主义联盟（Coalition for Inclusive Capitalism）和安永会计师事务所共同努力，旨在让人们转变思想，深入思考长期价值的意义。企业仍需按 20 世纪 70 年代的会计准则和概念向金融市场发布业绩公告。根据 EPIC2018 年报告，仅有 20% 的公司价值反映在资产负债表中，比 1975 年的 83% 左右有大幅下降。报告指出，在典型的企业真实价值中，大部分都体现在无形资产上，如创新、企业文化、商誉以及公司治理等，给评估工作造成诸多困难。

为配合联合国可持续发展目标的实施，世界经济论坛所属的国际商务委员会与四大会计师事务所携手，在衡量长期可持续发展及其对国际社会的

---

① 长期股票交易所旨在创造一个新的股权投资体系，基本原则是投资者持有股票时间越长，所获投票权就越多。——译者注

影响方面制定统一办法。2019 年，世界经济论坛创始人、执委会主席克劳斯·施瓦布（Klaus Schwab）先生，呼吁各国在制定经济政策时不应把国内生产总值作为"关键绩效指标"；要推出独立追踪工具以便对巴黎气候公约实施进展情况进行评价；要采取措施确保所有企业报告自己在经济、社会和治理方面（ESG）所发挥的作用，以实现利益攸关的资本主义。尽管各种表述都说明，大家的思路正朝着可持续发展和长期价值方向转化，但要在各种场合都能感知这些变化，我们仍有很长的路要走。许多陈旧思维仍需逐步改变。

2018 年，政府间气候变化问题工作组提出了一份令人惊惧的工作报告，受其影响，英国社会活动家艾拉·库尔马什（Ella Saltmarshe）和比阿特丽斯·彭布罗克（Beatrice Pembroke）发起了长期工程活动。他们认为，许多人把个人短期利益置于未来的集体利益之上，给社会造成了危害。为了改变我们目前的行为方式，沙尔特玛茜和彭布罗克全力支持开展"用长远眼光看待我们的生活"活动：

> 在全球性焦虑面前，我们低着头前行，视野越来越窄。我们的问题是狭隘的短期思维，就好比从隧道里向外观望。我们据此做出决定，就意味着我们是一种短视的物种。

在培养长远眼光方面，库尔马什和彭布罗克还强调了文化所发挥的重要作用。深度时间是一个有关地质年代的哲学概念，涵盖地球存在的时间，约为 45.5 亿年。类似的这些概念已开始挑战我们的短期思维模式。

把不同时代的人联结起来，这为我们提供了另一种方法并赋予了更长远的眼光。有些土著文化中就有类似例子。比如，北美的易洛魁（Iroquois）印第安人十分注重家族血统的情感联系，并因此催生出对后代的关爱意识和责任感；又如，美国南达科他州的沃格拉拉·达科他（Oglala Lakota tribe）部落，这些印第安人尊崇"我们七代人正围坐在一起"的信念并据此规范自己的行为。

"像优秀的祖先那样进行思考：从我们开创的技术中发现其意义"，这是加州大学伯克利分校工程学院新开设的一门课程，为学生们的工程生涯打开了一扇新窗户，拓宽了视野；剑桥大学成立了风险研究中心，目的是研究和降低那些可能导致人类灭绝和文明崩溃的各种风险；牛津大学的人类未来研究所旨在开展事关人类及其未来的重大问题的研究，涉及数学、哲学和社会科学在内的多个领域。

有许多机构致力于在世界范围内推动负责任的长期治理方案，于是关注后代组织网络（The Network of Insititution for Furture Generations）便应运而生，目标是共享相关成果并推广各组织的最佳经验。上述组织通常由政府发起和主导，例如威尔士的后代专员公署（Furture Generations commissioner）、英国的议会各党派后代工作组（All-PartyParliamentary GrouponFurture Generations）、芬兰的未来委员会（Committee for the Furture）等。英国上院的伯德先生曾于 2020 年向英国议会提交了一份《后代福祉法案》（*The Wellbeing of Furture Generations Bill*）的议案，目的是在制定政策时要着眼长远。如今，社会福祉是苏格兰、冰岛和新西兰政府制定政策时考虑的核心要素。然而，在许多国家，这些举措才刚刚起步，多数情况下，还徘徊于政治议题的边缘地带。作为一家立足长远的文化机构，1966 年成立的万年基金会（Long Now Foundation）是美国的一家非营利性组织（该组织以万年为时间框架，因此在其成立时说自己处在 01966 年），其指导方针是通过秉持立足长远、提倡耐心、团结对手、不选边站队等理念，塑造"更慢一点、更好一点"的思维方式，这与当今流行的"更快捷、更简单"的思维方式形成鲜明对比。该基金会已经资助了若干项目，其中包括一个能运转一万年的大钟，称为"万年钟"。这座钟表在制造过程中将使用耐磨材料，易于维修并利用可再生能源提供动力。目前，这座钟表的一个原型已摆放在伦敦科学馆并对外展示。尽管如此，该项目的主管亚历山大·罗斯（Alexander Rose）还是作了进一步说明："如果在我的有生之年完成这项工作，那肯定是我们做错了。"

此外，万年基金会还举办了一系列研讨会，就有关长期议题进行讨论。虽然仍围绕输赢展开，但目的是逐渐培养人们的长期责任感，加深对社会主要问题的认识。研讨会的辩论方式与传统的政治辩论截然不同，其形式是在两个人中展开：首先，第一个人站到台上，提出自己的观点；然后，第二个人登台，但在反驳之前，他必须先归纳前者的观点直至对方满意为止。在与大家分享自己的看法之前，他要展示对别人的尊重和诚意。只有当第一个人同意后者的归纳后，第二位辩手才能陈述自己的观点。第二位辩手陈述观点后，第一位辩手也要进行归纳，直至对方满意为止。这些辩论的目标不是为了输赢，而是通过辩论加深对相关议题的理解。这与培养政客的牛津联盟（Oxford Union）辩论协会及其他类似辩论团体的做法有天壤之别。

长期主义对人们的思维方式提出了挑战，让我们少去考虑那些每天的待办事项，把心思多用在大教堂思维（cathedral thinking）上。所谓"大教堂思维"是一种强有力的视觉概念，可追溯到中世纪的大教堂建设工程。在那个时代，建筑师、石匠和工匠们在建设前要先制订一个方案，然后开工建设，施工过程往往耗费几代人的时间。这种大教堂立足长远，为以后的几代人打造一个安全庇护、祈祷及社区集会之地。

一直以来，这种理念也适用于太空探索、城市规划及其他长期目标。从后代的福祉出发，我们通常要提前几十年进行通盘考虑并做好规划。格里塔·桑伯格呼吁人们要秉持大教堂思维，并以此解决眼前的气候危机——

"尽管尚不能确定怎样修建天花板，但我们必须把基础打好"。世界各地许多富有远见的思想家以及生态学家，他们都以不同方式投身于"大教堂科学"（cathedral science）。从他们身上，你可以看到合作、抱负、信念和适应性等优秀品质。

玛格丽特·赫弗南为我们诠释了"大教堂工程"（cathedral project）的重要意义，即"最大限度地挑战了我们在未知或无法预测的结果面前所具有的想象和适应能力，同时也展现了"我们创造性地应对不确定的、复杂的、含混的以及无形的挑战的能力"。通常情况下，大教堂工程在一开始很少出于商业经营、拉动经济或解决某种现实问题的考虑。通过对欧洲核子研究组织（European Organization for Nuclear Research，CERN）一些领导人的访谈，赫弗南发现，这些人不仅拥有严谨的科学素养，同时又在审时度势、适时调整、学习新事物及放弃原有观念等方面持开放态度。大型强子对撞机的技术负责人在介绍其工作方法时说："这里没有主角，团队需要的是那些试图去理解而不是想证明自己的成员。这里的人喜欢探索新事物，愿意分享知识和接受新事物。他们对结果并不介意，很少考虑自己。人们一定要分享知识，否则大教堂永远建不起来。"人们对事物的看法直接影响着相互之间的人际关系和互动方式，他的一席话就是对此工作方法的生动诠释。

重新定义个人的成功

让我们考虑一下如何构建个人的成功哲学。大量的励志文学作品在指导人们如何实现生活的成功及探索人生幸福等方面会给出很多建议，然而，我们面对的是一个纷繁复杂的世界。

与其到处寻找答案，不如去挑战自己的认知，这也许是最有用的方法。

就如何定义个人成功而言，人们热衷于对不同标准进行比较，这种做法值得商榷。哲学家阿兰·德博腾（Alain deBotton）对社会中排斥普通生活的现象提出了批评。我们从中不难看出，这类比较会引发广泛的精神健康问题。埃里克·巴克（Eric Barker）[①]的观点与德博腾毫无二致，他在《用错地方》（*Barking Up the Wrong Tree*）这本书里写道："试图取得相对于他人的成功很危险。"这会在幸福、成就、意义和遗产等方面形成多重标准，导致数量等同于质量。

物质收获是我们需要重新审视的另一方面。其实，收入达到一定程度之后，人的幸福、快乐感并不会相应增加。尽管如此，仍有许多人热衷于加薪、升职或中大奖。2008 年，荷兰对彩票中奖者进行的一项调查发现，中奖六个月以后，中奖家庭的幸福感既没提升也没下降，总体变化不大。该调查建立在 1978 年的一项经典研究之上。这项研究的内容是对彩票中奖者（参照组）和因意外事故致瘫者这两组人群的体验进行对比。从物质收获角度看，人们通常认为彩票中奖者和事故受害者之间的体验有天壤之别。但调查结果并非如此，一年之后，中奖者的幸福感已经没那么多了，而意外事故受害者也没你想象的那么绝望。此外，该研究发现，观测者长期以来的误读（中奖者喜形于色、备感充实，事故受害者悲痛欲绝）对两组人群都是有害的。这种假设失之偏颇，让中奖者和事故受害者都觉得很难找到自己的准确定位，都觉得不被自己身处的社会环境所接受，而这才是对其幸福产生影响的最大因素。

注重结果是人们看待这一点（把表现与结果区别开来）的另一种方式，

---

① 埃里克·巴克，曾在好莱坞做编剧工作，其著作曾获《纽约时报》《华尔街日报》《大西洋月刊》等媒体的推荐。——译者注

这会事与愿违。区分表现与结果这种观念还强调沟通交流（不管结果如何）是我们生活中的关键因素，并随之引入了 3C 中的第三个 C 的话题。对此，我们将在第 12 章作进一步探讨。

不同于任何其他状况，事故受害者的例子生动地诠释了观念的重要性。失去一条腿的人，怎么可能在一年以后觉得自己更幸福呢？原因在于他已经有了一个不同的参照系。这些人为自己还活在世界上而高兴，他们的观念已经发生了改变。长期思维促使人们改变对胜利意义的认识，我们无须等到遭遇意外事故或危机时不得已才去改变。正如西蒙·斯涅克讲的那样"……不管挣了多少钱，不管有多大权力，也不管获得多少次升迁，我们永远都不能自诩是生活中的胜者……"

毫无疑问，2020 年的全球性新冠疫情在世界范围内戏剧性地改变了人们对生命的认识，为世人提供了一次观念转变的机遇，让大家认识到就长期而言什么才是最重要的，让我们重新树立起目标意识，重新建立起与周围人的联系。

重新定义国家的成功

2020 年，因全球性公共卫生危机引发的观念转化对政府和机构都造成了巨大影响。新冠病毒的流行荡涤了之前以 GDP 和经济增长为主要目标的思维模式，迫使政府就是否把健康置于经济发展之上做出公开澄清。

有些国家已经开始用不同方法评价国家的进步和发展。新西兰增加了一些社会性指标来衡量 GDP，包括教育、环境和健康等，成了第一个把社会福祉纳入政府优先考虑事项的国家；冰岛和苏格兰也紧随其后，除传统的 GDP 数据之外，其领导人也将幸福及其他社会指标纳入政府议事日程。全球性的健康挑战、对气候变化不断增长的关注，以及有关包容性与平等性这类社会性挑战，能否在全世界范围内成为进一步改变政府思考和行为准则的催化剂，时间会告诉我们一切。

联合国可持续发展解决方案网络（The United Nations Sustainable Development Solutions Network，SDSN）① 每年出版一期年度《全球幸福指数报告》（*World Happiness Report*）。每个国家报告自己的幸福感，高低互现。通过对其中原因的分析，它们发现最重要的因素是社会支持。毫无疑问，经济繁荣与预期寿命同样重要，但我们应结合真实生活状况来看待某个国家的成功。在这方面，对社会支持、经济增长和健康保障三个方面进行观察，会为我们提供一种更为均衡的视角。

制定有意义的标准、把目光投向 GDP 之外，这些尝试正在扩展辩论的范围，而且也在挑战以前的诸多假设。无论如何，政界和商界领导人需要发挥具有远见卓识的领导力，助推人们的行为、观念与强大的现实分道扬镳。

事物是在不断发展变化的，我们需要不断厘清什么事情对我们而言是最重要的。我们一直在问为什么，不断挑战他人，以拓宽成功的标准并着眼长期目标。这些努力能帮助我们就"胜利意味着什么"开展富有意义的对话。尽管如此，我们目前仍无法找到一个标准答案。我们仍需花时间进行思考，提出相关问题，审视和挑战我们的答案，不断去适应这种思考和挑战。这种成长和调整空间与长期思维中的第三个 C（相互联系）直接相关。正是通过与他人的对话，我们才能真正推动对胜利的思考，并共同采取与以往不一样的行动。

---

① 该项目由联合国前秘书长潘基文于 2012 年发起，旨在调动全球科学与技术专业资源，促进可持续发展和可持续发展目标的实施。——译者注

关于"厘清思路"的几个要点 ●●●●●●●●●●●●●●●●●●●●●●●●●●●●●●●●●●●

1. 哪些因素最重要？并就此提出问题。

2. 培养目标意识，希望如何与众不同。

3. 用"怎样能"而非"什么是"来定义自己的成功标准。

4. 用更长的时间维度来审视成功。

5. 反思哪些因素对你现在的生活具有意义，思考哪些因素对你的未来具有意义。

第 11 章

超越奖牌与成绩：持续学习对长期思维的意义

除了各种结果外，我还能收获点什么呢?

重返赛艇队时，我深知没人能确保我获得一枚奖牌，甚至不能设想自己能否再次入选国家奥林匹克队。我仅知道，如果拥有正确的思维模式，自己可以学到之前尚未学到的东西；我能进一步拓展自己，挑战自己的思想过程及各种设想、信念和偏见，并学会和周围的人或事进行沟通、建立联系的新方法。这次重返赛场，我比之前有了更开阔的视野，这不仅来自近 10 年的国际比赛经历，而且还要归功于自己在外交部工作的经历。外交工作对我而言是一个完全不同的领域，我从中接触和领略了不少新观念。此间，我已有一年左右的时间没接触这种由精英选手参与的体育运动。利用这段时间，我对那些于我有重要意义的人或事进行了反思和审视，并在此基础上相应调整了自己。无论结果如何，运用不同方法多做些尝试，能让我们学到许多新东西。

2019 年，当利物浦足球俱乐部斩获被人们大肆追捧的欧洲足球俱乐部冠军杯时，各种媒体报道连篇累牍，不吝赞美之词，他们宣传这次胜利的重大意义，嘲讽之前的各种质疑等，不一而足。赛前，许多质疑针对的是该俱乐部主教练尤尔根·克洛普（Jurgen Klopp）[1]。赛后，他在现场接受 BBC 采访的情形仍历历在目。面对现场如醉如痴的狂热气氛，他只简单说了一句："赢球是件好事，太酷了。但仅此而已，我对下一步的发展更感兴趣。"即便在此高

---

[1] 尤尔根·克洛普，前德国足球运动员，现任英格兰利物浦足球俱乐部主教练。2010—2011 年赛季和 2019—2020 年赛季分别获德国年度最佳教练和英超最佳教练。——译者注

光时刻，克洛普仍能坦然面对胜利。随后他又谈及自己要发挥更有意义的作用：不仅让运动员成为赢得奖杯的选手，还要把他们培养成优秀的人。和往常一样，媒体并没关注他回答提问时谈及的内容，而是继续大肆宣传比赛结果。然而，在足球界仍有一批志向高远的高管，他们的目光已经开始超越胜负本身而去追求更远大的目标。这种抱负有助于运动员长期提升自己的成绩。

长期思维把学习置于重要位置并将其视为一种生活、工作态度和竞争方式。在任何情况下，学习都能发挥应有的作用。学习能帮助我们发挥正能量，遭遇挑战时赋予我们更强的应变能力，在这个快节奏的世界里，让我们展现更好的适应性和创造性。学习并非主要集中在学校或安排学习某项课程的这段时间，实际上，它是贯穿生命始终、随时随地都要坚持的一项活动。然而，我们并不能把学习当成一种司空见惯的现实。持续学习要求我们具备主观能动性、对新知识秉持开放态度、积极寻求反馈意见、倾听他人见解并质疑自己的假设。除了有利于增强鉴别能力以及提高效率之外，学习还有助于我们进一步了解他人，了解他们的经历及其学习、工作或训练的文化背景等。这些过程虽然看不见摸不着，却十分关键。

在应变能力、实现优异成绩及领导力方面，你可能关注过一些最新研究结果。其中，人们反复提及的一个议题是：在提升自我、管控压力、应对失败与逆境，以及调整自己以适应周边环境变化等方面，人们逐渐把学习放在中心位置。没有哪个人能找到全部答案，没有哪个领导能预测未来，实际上也不会有什么正确答案。在这个快速变化的世界里，兴旺发达者往往具备下列素质：他们能以最快速度进行学习，不断创新，把以前那些相互分割的领域联系起来，并善于检讨、反思和调节自我。美国未来主义思想家、企业家阿尔文·托夫勒（Alvin Toffler）多年前曾预测：21 世纪的文盲并非不会读书写字的人，而是那些流连于陈旧知识、不积极学习新知识的人。

如何树立持续学习观呢？返回学校进修几门课程或从事一些工作，仅仅如此并不意味着你就会学习了。实际上，这取决于你对待学习是否积极、主动，也就是被卡罗尔·德韦克称之为"成长思维"（我们在第5章里讨论过）的东西。每一天，你如何在自己周边营造一种学习环境，让别人能最有效地开展学习活动呢？无论学习负担、压力和结果如何，我们确保自己能学习的诸多习惯都是些什么呢？你都向哪些人寻求反馈，又是如何利用反馈意见的呢？你还在对结果或表现进行检视吗？你是怨天尤人，还是准备下一次用不同方法做这件事呢？参加会议、讨论项目、作决定的时候，你都带去了哪些设想和己见，并可能因此导致其他人放弃学习其他替代方案？如果我们打算面对失败、吸取教训并承担风险，这时的心理安全就显得十分必要。然而，我们在多大程度上能有意识地营造适宜的心理安全环境，从而让别人能坦言现实中存在的问题呢？我们是否意识到在组织（和家庭）中实施集体决策呢？我们会在多大程度上认可或改变这种决策呢？我们怎样促进认知的多元化呢？

问题是学习的动力源泉。别怕袒露内心的童真，多提问题，拓展自己的思维，同时也开拓身边其他人的思路。你最近什么时候读到、听到或发现自己以前从不感兴趣的事？也许，我喜欢提的问题就是：你最近第一次尝试做某件事发生在何时？

让人受益一生的成长型思维

在如何进行有效学习方面，神经科学和心理学领域的诸多研究成果彻底颠覆了我们之前的认知，所以，你可能认为过去的学习和教学经验也会随之彻底改变。然而，实际情况并不是这样的。长期以来，我们耳濡目染的是学生们坐在下面，听台上的老师们讲课。其实这种教学效果不尽如人意。在这种教学过程中，学生们掌握的知识并不多，而且能应用于实际的更少。这类学校遍布你的身边，不管是中小学还是大专院校，学生们都在花费大量时间进行被动学习。

过去，经济活动往往建立在大量用工的基础上，其特点是生产规模大、重复性劳动多，这就要求员工们按指令行事，而非自己开动脑筋进行思考。所以，前面提到的被动学习方式也能产生一定效果。然而，这种学习方式已经无法适应 21 世纪的家庭、学校或职场的要求。

怎样学习、学什么，这二者之间仍存在明显的脱节现象，需要引起人们关注并采取相应措施来克服这种脱节问题。在一项由商学院和财经杂志主导的调查中，领导们反复强调的一点是，职场上最急需（时下紧缺）的技能是领导力、创造和创新能力，以及良好的协作能力。可问题是，那些孩子、学生和员工们从哪里才能学到这些技能呢？

什么是成长型思维？德韦克已经在其研究文章中给出了详细解读，我们从中已经认识到成长型思维的重要性。成长型思维要求我们努力学习、具有应对失败的心理准备，并能积极开发自己的潜能，在过程与结果二者之间把重点放在过程上。这与我们在前一章介绍的"重发挥、轻结果"的理念异曲同工。

德韦克的教育研究成果几乎已应用于学校、商业和体育活动的各种场景（在政府部门、政治家职业发展路径及其政治决策过程中，人们对其研究成果的了解可能相对有限。因此，一旦被他们理解了，这些成果就会在更大的范围内发挥积极影响）。萨提亚·纳德拉（Satya Nadella）[1]于 2014 年接管了微软

---

[1]　萨提亚·纳德拉于 1967 年生于印度海德拉巴，曾就读于印度门戈洛尔大学、美国威斯康星大学和芝加哥大学。2018 年入选美国《时代周刊》"2018 年全球最具影响力人物"。现任微软公司 CEO、董事长。——译者注

公司，那时他就发现，在公司业已形成的企业文化中存在一种不容忽视的瑕疵：太多思维和行为定式，缺乏建立在成长型思维之上的思想和行动。于是，他立即着手，把重点放在引领企业文化从"知之"到"学之"的转变上。

世界各地有不少学校和机构十分认同德韦克有关成长型思维的论述并给予高度评价，纷纷打算将其付诸实践。有些学校和机构认为自己已经做到了，而实际上它们并没做到。在自己的职业生涯中，德韦克花费了大量时间游走于世界各地，拜访这些学校和机构。许多学校的教师对成长型思维十分推崇，却发现自己身处一个只注重成绩和排名的评价体系中。这时，他们便处于两难境地：既想传授成长型思维，又不得不在现有体系面前做出妥协去追求相应结果。在这种情况下，成长型思维的根基遭受侵蚀，其原则实际上也被束之高阁。

有些机构也乐见员工在学习、发展及挑战现状方面秉持一种开放态度，从中我们可以领略到与成长型思维类似的文化格局。但这些员工仍不得不面对不同指标的考核：短期销售额、利润率及遵规守纪等。然而，在工作中，失败的经验教训却没被记录下来，或者受到应有重视，推动成长型思维的努力再次被扼杀掉了。

我们对待失败的态度是问题的关键。失败厌恶让我们极力避免出现失败情形（见第 2 章）。对失败进行惩戒盛行于许多文化当中，特别是当失败危及短期成果时尤其如此。因此，这些文化会压制人们为收获长期成功所需要的学习过程。虽然人们常说失败是成功之母，但现实中一旦失败仍会遭遇责难，所以人们总试图将失败掩盖起来。正因为如此，目前越来越多的研究正在将关注点放在如何正确理解失败上面。马修·赛义德在《黑匣子思维：我们如何更理性地犯错》（*Blackbox Thinking: The Surprising Truth About Success*）一书中对此进行了全面阐述，指出：不论在商业、体育（如一级方程式比赛）或生物演化等领域，认真总结失败经验和教训对未来的成功都至关重要。

失败学是一个发展中的新兴研究领域。在一项研究中，研究人员强调了从失败中总结经验教训的重要意义。这项研究涉及了三个互不相干的领域：为了研究而获取医疗健康补助、退出初创企业、恐怖组织如何在袭击中使伤亡效果最大化。研究人员指出，在这三种情况下"几乎每个成功者都是从失败中走出来的"。亚马逊首席执行官杰夫·贝索斯信心满满地告诉他的股东们："如果不经历更多、更大的失败，你连移动一根针那样的微小发明也创造不出来。"在商界，企业家思维被人们广泛热议。许多企业家都有丰富的学习经历，完全来自传统教育体系之外的许多知识，使他们具有了一些特质，如敢于承担风险、敢于尝试创新，在从事跨专业知识、技能和领域工作时，较少受传统知识和技能的制约。每当你与企业家交流时，就能从他们身上明显感受到一种拥抱学习的开放态度，能看到他们对于用不同方式解决问题和推陈出新的渴望，他们所具有的创造力也令人印象深刻。而在传统教育盛行的环境里，要发挥这些特质往往在起步阶段就会让你遭遇失败。我认为应该缩小企业家思维和传统教育之间的这种差异。阿里·阿什（Ali Ash）这位从困境中走来的企业家在事业上收获了巨大成功，他对"做一名永不停歇的学习者"以及如何看待传统教育所面临的挑战，做出了如下解读：

> 许多人都是从这种教育体系中走过来的，以为获得文凭、学位一切就万事大吉了。我认为，身处当今世界，你就要终身学习，做一个永不停歇的学习者，同时你还要学会自我教育。自我教育是你能否持续成功、打造非对称优势的重要一环。

在体育界，所谓的"参与心态"指的是持续不断地快速学习。多次获得奥运会自行车赛冠军的克里斯·霍伊（Chris Hoy）[①]曾是英国国家自行车运动队中的一员，该运动队因执着于追求创新和改变名噪一时。在获得冠军后的一次采访中，当被问及有关方法时，他解释道，他们总在做出改变，不断进行试验。霍伊继续强调说，改变一种失败模式并不难，每个人都在这样做，而改变一项获胜模式就得需要点勇气了。要想进一步发展、保持高水平发挥就要求我们培养一种适应性思维。这种情形同样适用于商业领域。在这方面，亚马逊的"第一天哲学"就颇具代表性，它要求你在工作中始终像刚开始时那样，"沉下心来尝试，接受失败，播撒种子，保护秧苗，当客户满意时更加倍投入"。柯达公司和诺基亚公司由盛转衰的经典例子，就是不积极主动去适应变化的反面教材。

运动员们都知道，为了能一直跑得更快，就必须找到新方法。超过一定量之后，一味强化体能训练并不能实现这一目标。职场打拼也是如此。花更多时间，并不意味着就能提升你的专注度、工作效率或工作效果，更不必说企业文化及员工体验了。没有哪名运动员相信在体育馆内训练一个晚上就能让自己有更好的发挥。尽管如此，仍有许多律师、银行家和咨询顾问通宵达旦地工作。由于执着于这种理念，他们实际上已经把着眼点放在短期效果上，这不利于培养创造性思维，同时还会对长期学习、适应能力及未来表现造成不利影响。

用合作性学习打造良好的学习氛围

长期以来，在西方教育体系中，有很大一部分内容强调的是"把事情做

[①] 克里斯·霍伊是奥运会金牌与银牌获得者。——译者注

对"，却忽视了如何才能真正学到知识。我们在学习中了解了法国首都在哪里，但并没有思考为什么世界上会有这么多国家。

对于一个组织机构，从其内部架构、激励和奖励措施等方面，我们便能一窥其着眼点和价值取向。如果把成功作为答案，那么所谓的学习也就成了按照准备好的答案和既有信息进行照本宣科式的演练。而如果把成功视为对新思维的探索，则学习就是要围绕如何提出深刻问题、拓宽思路及挑战既有思维模式来展开。

大卫·爱泼斯坦（David Epstein）[①] 在其文章中指出，学习应该涉猎那些"令人向往的难题"。短期来看，这让学习更具挑战性而且还会影响进度，但长期效果要好得多。给予过多提示能提升眼前成绩，却会损害长期进步。"深度学习意味着慢慢地学"，然而很少会有学校或职场践行这一理念。

学习的另一个重要方面在于其开创性，也就是不囿于被动学习或接受，而是主动寻找答案。古希腊哲学家苏格拉底就秉持这种方法教育学生，他要求学生自己找出答案，无论回答正确与否，事后证明这种方法对将来的学习颇有裨益。爱泼斯坦在文章中说道："对自己的错误答案越有自信，他们学到正确答案后的记忆就越深刻。对重大错误持包容态度，方能创造最佳学习机会。"

没有任何提示和帮助的训练往往让人觉得进展缓慢，中间还可能常出错，但事后证明该方法对长期学习而言是最佳方案；而长期学习有利于将来在更广泛的领域灵活运用所学知识。相较于努力进取而言，重复做某一件事的效果欠佳。短期演练让你只能收获短期效果，然而那并非我们绝大多数人对教

---

① 大卫·爱泼斯坦所著的《通才为何能在专业领域中获胜》（*Why Generalists Triumph in a Specialized World*）一书被译为 21 种语言出版。——译者注

育的体验。接受教育时，我们在许多情况下很难接受这样的观念，即"过程缓慢是最佳学习之路，当前差强人意的表现为今后更好的施展打下了基础"。

从事外交工作期间，我对一些谈判高手进行了仔细的观察，发现他们身上的诸多特质中有一点是相同的，那就是耐心。急于推动谈判会让对方无所适从，结果就像纸牌屋一般土崩瓦解。无论巴格达冲突期间那些智慧超群的警方谈判专家为解救人质进行的谈判，还是政治谈判高手致力于促进巴尔干国家亲近欧盟的谈判，贯穿始终的是不断学习、定期检视，无论结果如何都是如此。每一次会谈、讨论和交流都会为我们带来新的信息，供我们进一步探讨。我们不可能有什么现成答案，然而，如果对各种潜在的新方案持开放态度，便总会找出正确答案。

2015 年的国际学生评估项目（PISA）[①]排行榜表明，适应性教育在各项积极教育成果测评指标中排在第二位（在财富之后）。尽管众多组织机构都需要这种适应性思维，但在教育体系中尚未形成规范。换句话说，相较于教学生如何在相同时间、地点以相同方式做事，那种以学生需求为导向的教育无疑更具优势。芬兰的教育体系十分出色，它在教学和评估两方面都强调多样性，从而确保了适应性教育得以全面贯彻实施。学生有自己的特定目标，而评价标准应该建立在学生能力的基础上。

养成学习习惯需要适宜的环境，就是说要营造尊重、鼓励和支持不断学习的良好氛围。在许多组织机构中流行的"知识就是力量"这一理念，往往对养成良好学习习惯形成制约。在这种理念的熏陶下，人们往往把获取知识置于改变、实验和创新之上，不愿交流、分享，也缺乏开展合作的兴致。

---

① 国际学生评估项目是经济合作与发展组织（OECD）设立并实施的有关 15 岁学生的阅读、数学、科学能力评价的研究项目。——译者注

　　很多公司宣称自己是学习型组织，但没几家能把开展和支持学习的活动置于实现短期目标之上。更有甚者，少数公司在其成功和奖励规范里根本就没有学习这项内容，它们要鼓励的往往都是那些传统资质。这些公司在其成就和奖励标准方面甚至很少承认学习的作用。换言之，在它们那里，拥有传统资质者更容易得到承认、受到重视、奖励和提拔，而在这一过程中，这些公司却错过了发现更为广阔的世界、不同的学习方法，以及探索创新的机会。

　　同样，上述问题在中小学中也普遍存在。这些学校往往把重点放在对固有知识的学习上，而在创新学习方法、探索和发现新事物等方面，支持的力度却很有限。有些教育系统已经认识到这种转化的必要性，它们会更多围绕一些项目来开展学习活动。在北欧，小学生们在校的每一天，都用大量时间按项目小组开展活动，学习如何进行协作，提升、支持或相互质疑对方的思路等。在经合组织成员国中，丹麦在校生开展这类分组活动最为普遍。他们的作业大多为小组活动并在此基础上评分，重点考察互动效果和个人贡献。这种情形会一直延续到大学阶段，学校通常要求学生们2～3人一组开展学习活动。相对于笔试，在这里口试更为普遍；除有关知识（笔试最重视的内容）外，口试中允许围绕构思和经过进行探讨。

　　合作性学习是指"为实现共同目标一起开展工作"，这虽不是什么新概念，但仍未在许多国家的教育系统中引起应有的重视。学生之间的互动往往是教学实践中被人忽视的一个方面，但它却对学习效果以及学生们对学校、学生之间和自己的感受极为重要。阿尔菲·科恩在其研究中做了一个形象的比喻："每个人各自都有实现卓越的激情，如果有一个能承载这一卓越目标的具体图景，这就是那幅3～4名学生围坐在桌旁热烈讨论的感人画面。"我注意到很多公司要求开设"如何与自己的团队进行沟通"或"如何进行涉及困难话题的谈话"等学习班。显然，尽早开展类似的学习活动，你将受益终身。

在更完善的体系中，自我评价、主动性和选择性等因素同样发挥了更为重要的作用。在荷兰，修习历史课程的小学生们可以借助先进技术确定自己将要学习哪一个时期的历史，以及在这一阶段需要重点掌握哪些内容。将这种自主选择融入学习体验中，往往能极大地激发孩子们的学习积极性。

在英国，人们所学的英国史大同小异：都是有关维京人（Vikings）和罗马人（Romans）或都铎王朝（Tudors）和斯图亚特王朝（Stuarts）的那些事。对此，我始终感到莫名其妙。然而，如果涉及这两个时期中某个十年里的一次事件，人们就往往一脸懵懂，更谈不上了解相关的经济、社会和文化历史了。僵硬死板的课程设置限制了国民学习历史的深度和广度。我们原本可以在全国范围内共同学习英国的全部历史并形成多种不同的历史观，很明显，现在的做法没什么实际意义。人们往往把重点过于集中在政治博弈、战争和英雄身上，着重突出王侯将相、才子佳人。我们了解的都是那些相同的内容，正如马修·赛义德在《多样性团队》（Rebel Ideas）一书中所阐述的，会在无形中导致"个体睿智，群体愚钝"的现象出现。

互动式学习与体验式学习均为重要的学习方法。与此同时，被动式学习也常见于各类组织机构中。如何实现理念和行为的改变，以及由此引发的领导力和执行能力提升等问题，仍未引起人们足够的重视。令人沮丧的是，我注意到，由于缺乏对相关知识和真实结果之间有机联系的认识，领导力课程中用于反思和体验的时间很快就被其他内容挤占了。通常我们都要对学习和拓展课程的（短期）效果进行评估，因而导致我们把重点放在学习内容和主要议题这类容易标注出来的事项上。然而，获取知识本身在很大程度上就是浪费时间，一些管理培训班并不能让经理们在学习能力、个人成长或观念改变等方面有所收获。通常情况下，在所学的内容中仅有10%可以转化为行动。有人做过计算，大约70%的人在参加拓展课程一年后又恢复了过去的行为习惯。

　　姑且不论从课程中学到了些什么，很少有人能继续跟进并学以致用。冰冻三尺非一日之寒，改变习惯绝非一朝一夕之事。然而，如何将所学知识应用于实际工作，这方面很少有人给予相应的指导或帮助。此外，在日常工作中，人们通常没有足够的时间进行体验或通过实操去验证所学。我曾听过许多管理人员因自己抽时间外出学习一事向同事们表示内疚和歉意，因此他们回来后很难再找时间进行反思或与他人进行分享。这种情形只会进一步削弱培训带来的好处。也难怪，有些管理人员在培训结束之后不久，又回到之前的行为方式中。

　　在许多工作单位、学校和体育俱乐部，一些针对性的学习或培训并没发挥出应有的作用。树立形象、提供个性化训练并在此基础上开发运动员的能力，有些知名运动队开始意识到，这种方法对运动员充分发挥自身潜力大有裨益。实际上，在一些领导力培训班中，相关课程安排仍然是标准化的，每个参加培训的人，不论其背景和经验，所学课程都是整齐划一的。这种状况凸显了一种只注重体系不重视个体的文化，从而进一步强化了同一性，对差异性和创造性于事无补。

　　在英国，有些中小学为适应特殊需求教育开设了与标准化教育完全不同的个性化课程，这多少让人觉得有点讽刺的意味。上课时，教师们并不把重点放在课程安排和既有知识上，而是根据学生的需要和天资因材施教。这种教学收效显著，学生得以取得巨大的进步。虽然对有特殊需要的孩子能提供支持，使其获得相应能力，但那些没有特殊需要的孩子则不得不学习指定课程，这多少有些令人失望（当然，如果选择远离既定课程和应试体系，那些有特殊爱好的孩子们今后便无法获得通往认可之门的"门票"，他们身上那些略显特殊的技能也无法衡量，相应的价值也会被低估）。

学习的目的往往会对学习内容和方法造成一定的影响。研究表明，有人注重胜利与竞争，有人注重个人的发展，两者在学习体验、行为和效果方面存在巨大差异。专心致志、注重学习的人比那些总想战胜他人者更善于团结和协作，在自尊方面心态比较稳定，更善于与别人沟通。同样，在学习上，对结果或效果的选择将会极大地改变最终的结果。

在个人成长、持续学习、包容失败、注重个人发展而非与他人争长论短等方面，如果能厘清思路并营造出适宜的环境，我们便走上了更有效的学习之路。另外，世间还有许多关于持续学习的方法和策略，定能助力我们行稳致远。

持续学习行为：指导、反馈、深思和边际收益

无论是在学校、体育组织还是其他机构中，通过有针对性的指导而开展学习的活动逐渐增多，这表明，尽管我们对自身的学习方式尚无充分认识，但已在持续关注。约翰·惠特莫尔（John Whitmore）是指导学习法的探索者和领军人物，他将所谓的指导描述为"授人以渔，释放人的潜能以充分发挥自我，追求卓越"。

在职场中，支持学习的措施主要是针对管理人员和团队的指导。这类辅导多为短期学习，通常仅限于高层领导，但相对于那些规模更大（也更昂贵）的程式化拓展培训而言，仍处于次要地位。许多机构都宣称自己对指导学习的文化很重视，但在相应的学习过程中却投入不足，无法实现提高管理人员水平的目标。

其实，在这方面还存在很多认识上的偏差。朱莉娅·米尔纳（Julia Milner）和特伦顿·米尔纳（Trenton Milner）通过研究发现，管理者往往认

为自己对员工进行了指导，而实际上他们仅在一些具体事务上做了些许指点或进行了微观管理，比如他们经常会说"为什么不这样做"或者"你得先做这件事"。实际上，对他人进行指导涉及很多方面，包括耐心倾听、提出问题、反馈意见、换位思考、肯定并表扬优点、让接受指导者自己找出解决方案（后面这种情况是那些惯于发号施令者最难做到的事，但却是最关键的）。

上述情形也折射出体育界面临的挑战。指导工作旨在调动运动员自主学习，而非在别人指点下做这做那。指导工作的蓬勃开展彰显了以问题为导向的支持性工作方法的重要性，提升了运动员在面对压力时主动发挥和积极决策的能力。然而，你还能经常看到教练员（或父母）在赛场边上冲运动员大喊大叫的情景。

在我的体育生涯中，这两种方法我都经历过。坦率地说，虽然这两种体验大相径庭，但对成绩的影响同样显著。通常来讲，有效处理一系列指令往往是很困难的。你想去执行这些指令，有时甚至认为自己正在执行，而教练却一次又一次地冲你喊叫，责怪你没按要求执行，而你一时也搞不清哪里出了问题。这种情形确实令人无助和沮丧。如果征求你的意见，让你自己去想明白、认识到自身的差距所在，并在教练的帮助下找到答案，这一切对你完全是一种全新的感受，你会因此大幅度提升自己的能力、适应性和信心。有必要指出，如果你已经习惯于教练耳提面命和给出现成的答案，要想养成独立思考的习惯，尚需要一个转变过程。

如同指导一样，反馈也是我们耳熟能详的一个概念，但在现实生活中并不总能将其付诸实践。如何进行反馈，各机构在实践过程中存在巨大差异。在某些情况下，反馈竟能带来严重的负面作用，而在另一些情况下又能发挥超乎寻常的积极作用，这一切给我留下了深刻印象。

在需要高水平发挥的体育领域，反馈是日常互动的关键内容。以奥林匹克赛艇队为例，反馈活动就是如何让赛艇划得更快。这绝不是什么个人问题，而是我们在提高划船速度方面还能做点什么。如果你能把反馈与某一共同的成功目标联系起来，那么这种反馈就会容易得多。如果不是这样，反馈就显得具有个人色彩，而且更具胁迫性。反馈还有赖于人们之间的互信，只有这样，人们才能就如何进一步提高业务水平进行开诚布公的交流。我们很快就会看到3C之间密切相关和相互促进的情形。

我们自身的状态与追求的目标之间总存在一定差距，而且一个人也不可能知晓所有答案，因此，我们都相信提高速度的方法不止一个。我后来在工作中听到的反馈意见并没有积极与消极之分，因为我都是从"如何能有助于让赛艇划得更快"这样的视角来理解的。不管怎样，我们能获得某种反馈，哪怕比较粗糙也是好事，我们所追寻的是从中学到一些有价值的东西。

在赛艇队，我可以从各种渠道获得反馈：队友、教练以及辅助我们训练的各类专家——运动心理学家、营养学家、生理学家、生物力学家和医疗人员等。有时，我们也会走出去，寻求外部的反馈意见，比如我会和退役运动员聊天，向他们请教，或者寻找像我这样入行比较晚的其他项目运动员，向他们取经。

初次在政府工作时，我发现人们之间的反馈与自己之前的经历完全不同，这令我十分震惊。第一，同事之间很少进行反馈；第二，没人真的愿意提供反馈意见；第三，反馈意见总让人觉得特别尴尬，有时还不得要领；第四，也是最具破坏力的一点，就是让人觉得这是个人之间的事情，而且多少有点指责的意思；第五，容易让人想到那种非正常的、令人沮丧的评估过程，因此避而远之。反馈往往与工作评价过程联系在一起，而这一过程主要针对过去的失败而非将来的可能性，因此没什么人将其作为依据。我在那里工作的时候，人们曾尝试改变上述局面，但正像许多机构一样，人们低估了在管理能力方面需要的投入，而这种投入对管理人员有效开展交流活动、理解评价的目的是必要的。和不得要领的指导一样，这种糟糕的现状影响了学习效果，也不利于工作水平的提高。

我一直在想，与竞技体育相比，为什么在职场中营造一种建设性的反馈文化竟如此之难。也许，那种沉重的评估是部分原因，但还远不止于此。与任何其他技能一样，反馈也需要经常性的实践。正如要做好一件能影响水平发挥的事就得反复练习一样，我们提供和接纳反馈意见也是如此。就像赛艇训练时我们不断练习、分析、调整划桨动作那样，我们也在练习、评价、调整反馈的方法。

反馈是我们触手可及的重要学习来源。在工作单位，拥有相关信息和经验的人比比皆是，而我们是否经常主动去请教了呢？研究组织行为的神经系统科学家们对人脑在接收反馈时的反应进行了探索。他们发现，人在面对反馈时大脑中感受威胁的部位频频示警。不过，科学家们还发现，在主动寻求反馈意见、自主决定采纳哪些内容以及什么时候、向谁寻求反馈的情况下，大脑的反应则不尽相同。这种自主性会让大脑避免做出感知威胁的防御性反应，而这种反应极具危害性，会降低我们接受和学习的能力。研究表明，"反馈"这个词往往让人联想起过去一些不好的经历，因此我们也许应该用"建议"这个词。当然，只要能发掘身边的这种学习潜能，至于叫什么我并不介意。

反馈令人受益匪浅，其效果往往取决于自己怎样去反思、审视和把握其中真正的含义，并在此基础上将其转化为一种全新的思考和行为方式。过去十年，我参加了不少领导力培训班，令我印象非常深刻的是，反思这一主题日益受到人们的追捧。每逢新班开始的时候，学员往往会收到这样的提问："对这个培训班，你最期待的是什么？"而答案也毫无例外——有时间进行深入思考。上述培训班收费高，学员们都是高层领导，这些人迫切要求在授课时能预留一些时间思考问题，而公司对他们的希望是能多学点知识。这充分说明他们所处的工作环境是多么地嘈杂和繁忙。我们从中还可以看出，尽管领导们已经意识到深入思考的重要性，觉得有必要为此多下点功夫，但却发现在工作中很难做到，而公司也爱莫能助。

美国国家航空航天局曾用两年时间归纳、回顾以前的任务完成情况。多年来，他们认真总结经验、教训，充分利用信息反馈，将发射预案和实际执行结果进行对比，并在此基础上提高认识。与普通人相比，领军人物的闲暇时间可能更少，但他们会安排专门的时间进行思考、阅读以拓展自己的思维。这方面的例子很多，如比尔·盖茨和巴拉克·奥巴马就是如此。根据我的体会，善于反思、自我检视是最好的体育团队应具备的素质之一。我们不仅要看船划得多快，还要对运动过程中的各个要素进行回顾，譬如沟通与协作如何、心态对水平发挥的影响如何，当然还包括通过总结和充分发挥潜能进行学习的效果如何，等等。

无论结果如何，我们都要进行回顾，看看哪些方面做得较好，哪些还有待改进。这种做法不仅适用于日常训练，同样也适用于比赛，不管结果是输是赢，都要做好同样的工作。不注意对胜利进行总结就等于坐失厘清获胜原因的大好机会，如果只在失利时才进行总结，这很容易让人觉得更像一场追责活动。在这种场合下，人们往往容易感情用事，心情压抑，效果也难尽如人意。回顾就应该是工作的一部分，它为我们提供了前进的巨大动力。如果放任结果主导自己的情绪、感受和所学内容，自身潜能的发挥便起伏不定，而回顾工作能帮助我们防止这类情况的发生。

英国赛艇队的凯瑟琳·格兰杰和安娜·沃特金斯（Anna Watkins）在2012年伦敦奥运会上夺得了金牌。赛后，安娜告诉我，颁奖仪式一结束，紧接着便是兴奋剂检测和记者提问，然后两人搭乘出租车到英国广播公司，参加了一次时间较长的访谈节目。该队的队员们平时都带着电脑，电子表格记里的数据记载着过去四年来队员们的训练和比赛情况。拥有数学博士学位的安娜对电子数据表格钟爱有加，这时她打开电脑认真研究起来。在过去的四年里，她们利用这些数据定期评估自己的训练情况。有人或许认为，从赛艇冲过终点线那一刻起，奥运会就结束了。然而，她们致力于能力发挥的理念和学习方法并未就此止步，不断审视和学习的习惯已经渗入她们的血液当中。

上述事例表明，当你在某一次比赛中率先（或者不是）冲过终点线后，坚持继续学习，会为你打开一个更加广阔的世界，从中受益的不限于某一次比赛，就长期而言也是如此。这种即时学习的态度还意味着，冲过终点线并不是终点，让运动员感受那些压力时刻、充分发挥自己的能力是有止境的。这又是一种双赢！

工作场所的情形也大都如此。如果仅凭一时心血来潮，只关注短期的外在发展机遇，或者过于追求结果，能力提升的目标将难以实现。

另一种持续学习方法是边际收益法（a marginal gains approach）。它与旨在提升自身水平、实现某种目标的学习方式相辅相成。这种学习方法可以让团队或组织里的每个人既能感受到各种细小的进步，也能发现可以改变游戏结果后的各种机会（通常前者为后者提供了机会）。这种理念是英国奥运团队发生革命性变革的关键因素之一，并成就了其实现华丽转身：2012 年伦敦奥运会上夺得 29 枚金牌，奖牌总数名列第二；2016 年里约奥运会上，名列奖牌榜第二。而在未采用该方法前的 1996 年亚特兰大奥运会上，只获得一块金牌，排在第 36 位。英国自行车队主教练戴夫·布雷尔斯福德（Dave Brailsford）首创了这种方法并在实践中将其推向极致，为英国自行车队在北京、伦敦和里约奥运会上的优秀成绩做出了不可磨灭的贡献。不过，该方法目前仅用于奥运赛事，如比赛期间让运动员携带常用的枕头（有助于睡眠、恢复体能和保持良好状态）；养成良好的卫生习惯以降低比赛、训练期间得病的风险；为自行车运动员和大雪橇选手们配备符合空气动力学原理的头盔（通过 F1 方程式赛车的风洞测试后的改进版）。掌握了边际收益原理，每个人都能为总体目标做出贡献，而每一项合理建议都应受到重视。人人都有责任摸索、试验并主动与他人分享心得，当然这也包括来自体育运动之外的学习收获。这种学习方法所激发的巨大动能散播于英国各奥运团队并延伸至以前尚未尝试过的领域。

第二次世界大战后，日本企业的做法也有异曲同工之处。这可以用日语"kaizen"①一词加以概括，其核心是在整个生产经营过程中建立一套持续改进的方法。作为丰田模式的一个组成部分，这种做法成就了企业的巨大成功，在相关文献中多有介绍。有关想法其实并不新颖，但很少应用于思维模式、行为方式和人际关系等不易被人察觉的领域，否则我们在生活的各个方面会有更多的收获。

通过持续学习，我们得以享受来自学习的收获，但不能以此评判自己和别人，或者觉得自己从来都不够出色，认识到这一点非常重要。偶尔我也遇到过这类情况，就是该方法在体育界和商界被人曲解，让人觉得某人因不能胜任工作才不断去学习，结果便是，尽管不停地在努力学习但自己并未觉得有所收获，于是自信和自尊备受打击。实际上，这并不是一种学习方式。践行长期思维，就是要不断挖掘潜能、探索各种可能性、总结经验和教训，通过学习逐步成长起来。

---

① Kaizen，即日语的"かいぜん"，意思是"改善"，这里指第二次世界大战后，日本制造业通过借鉴美国泰勒（Frederick Winslow Taylor）和吉尔布莱斯（Frank Bunker Gilbreth）于 20 世纪初提出的提高生产率的理论，以改善与提高生产率的举措。——译者注

学习"既是终生面对的挑战，也是机遇，我们从中能发掘出有价值的东西并找到我们的目标"。职场、学校和家庭都要为持续学习做好准备，在这些场合，人们随时可以从容探讨、质疑并进一步完善思维、行为和互动的形式。学习并非一种孤立行为：我们要成为学习群体中的一员，将自己与长期思维中的第三个、同时也是最后一个 C（相互联系）联系起来。

关于"持续学习"的几个要点

1. 从更广泛（涵盖思维模式、行为方式和人际关系等）的意义上说，哪些问题最能提高自己的学习效果？

2. 积极培养成长型思维：弄清自己一天中何时处于程式化或固定思维状态，何时愿意主动学习和思考。

3. 设法营造一种适合于个人生活和职业发展的持续学习环境。

4. 在培养学习行为（包括指导、反馈、深思以及边际收益思维等）方面进行投入。

5. 深入思考如何对过去所学内容进行调适，想想你要摈弃什么，再学习什么。

第12章

以人为本：相互联系在长期思维中的作用

这不仅是有关我个人。

当我第三次加入奥运赛艇队时，我深知这不是我一个人可以完成的任务。我也理解，无论结局如何，无论获得什么奖项，唯有与同伴共处的经历以及由此建立起的友谊将伴我终生。因此，我需要转变观念。这是再自然不过的事了，认识到这一点令我如释重负。这么多年来，我已经习惯了将结果作为重中之重，将重点放在训练环境上，对情感、情绪、个人感受乃至于人的因素则不太关心。

克莱顿·克里斯坦森（Clayton Christensen）[①]教授十分欣赏古希腊政治家伯里克利（Pericles）的名言："你留给世界的不是雕刻在纪念碑上的溢美之词，而是融入人们生活中的那些东西。"克里斯坦森每年都对哈佛大学毕业班的学生提出忠告："莫要汲汲于个人有多大成就，更应多关注那些你曾帮助过的人是否变得更好。"无论是对个人还是社会，我们能否处于最佳状态，人际关系才是核心。"我们总想建立更深层、更完善的联系"，这种追求超越了任何其他方面，所以这种关系便构成了"人类繁盛的基石"。

亚历克斯·丹森（Alex Danson）是一名优秀的英国曲棍球运动员，曾获得多项世界赛事和奥运会奖牌。在告别自己灿烂的球星生涯时，丹森把因善于沟通交流而形成的良好"人际关系"称为自己18年辉煌职业生涯中最值得

[①] 克莱顿·克里斯坦森是哈佛大学商学院罗伯特和简·西齐克企业管理讲席教授。——译者注

珍视的财富，"不是赢得胜利本身，而是你怎样赢得胜利、与你一起赢得胜利的队友，以及与你有关联的人们……我认为，良好的沟通交流是成就胜利的最大因素"。

对应变能力和快乐的研究揭示了社会资本（social capital）[①]的重要性。在一种安全、包容的环境中，社会资本往往来自自己的支持者、家庭和朋友。闭门造车或仅凭个人的坚忍不拔并不能成就你的应变能力；相反，我们要向外看，寻求他人的帮助或向他人学习。在日常生活中，无论我们是与团队一起工作还是与家庭成员一起生活，人际关系都无处不在。这种关系与我们的幸福感息息相关，让我们感受到关爱。

生命伊始，我们便能感受到这种人与人之间的联系。通过对儿童的大量研究，心理学家特里·奥尔利克（Terry Orlick）指出："人与人之间的合作体验是健康心理养成的最基本的要素。"这种情形同样也适用于我们的整个生命历程。然而，我们究竟对人与人之间的联系给予了多少关注呢？我们不妨仔细思考一下，在家庭或社会中，谁才是最亲近的人？为什么？日常生活中，良好的关系、合作或协作应该是什么样的？这需要我们具备什么样的思维模式和行为方式才能实现？我们可以结合自己的目标，思考在实现目标过程中如何让他人参与其中。我们不应沉湎于日常事务中，而要扪心自问：在为自己和别人创造良好的发展环境方面，我们都做了些什么？希望与我们一起生活和工作的人又获得了哪些体验？最后，要考虑的是，我们还能与哪些人建立联系、谁才能进一步拓展我们的生活？这些思考也是很有意义的。

---

① 社会资本是基于社会网络价值的经济学概念。——译者注

与人建立联系的三大法宝

相互联系是将 3C 联结在一起的黏合剂。在一个团队中，如果人与人之间没有良好的沟通交流，我们便很难厘清思路，搞不清楚"为什么"和"是什么"的问题。如果与客户和同事之间缺乏良好的沟通交流，我们便无法持续学习新事物、把握新需求，也不能在未知且不确定的未来面前做好准备。如果在生活中不能培养良好的沟通交流能力，我们便会丧失潜能，无法借助合作或协作的方式实现自己的目标。

我们都很清楚，成功与学习行为息息相关，比如指导、反馈、挑战成规等。因此，我们需要建立各种协作关系以促进和支持上述行为。唯其如此，我们才能转变观念或思维并付诸实践。

沟通、合作这些在我们看来都很自然。尽管如此，我们还应注意到其中的诸多制约因素。如今，尽管在全球范围内建立联系比以往任何时候都要容易得多（至少在技术上），但在西方，我们正经历与日俱增的隔绝和孤独、社区和社会交往的丧失，以及焦虑和敌意。如今，随着技术的发展，人与人之间的联系比以前便利了许多，但交往的深度和质量并没得到相应的提高。我们必须承认，几十年来，在职场、学校及社会其他领域一直存在着非人性化倾向，人们关注的往往是各种程序、规章和制度，而对人的因素缺乏足够的重视。

要建立真正的联系和工作关系并使其随着时间的推移而不断深化，这就要求我们在交往中不能仅停留在事务性交往上或做一些表面文章。作家、管理学教授布勒内·布朗（Brené Brown）将相互联系定义为发现"存在于人与人之间的能量，当人们感觉到自己被人关注、被人听到、被人重视的时候，当自己能不假思索地接受或给予的时候，或者当他们从这种人际关系中获得支持和力量的时候，这种能量便应运而生"。

做好外交工作的基础就是要找到进一步深化关系的方法，克服各种存在于伙伴间的那些看似无法逾越的障碍并与其建立起伙伴关系。在文化、语言、历史和政治等诸多障碍面前，我们手中的工具就是通过构建真正的协作关系并在此基础上找到前行的办法。

学会怎样建立联系、怎样进行谈判是一项复杂的工作，包括正规训练和在职培训。同时，还要以能者为师、善于观察、勤于反省，要发挥自己的长处，适时调整自己，以便更好地对他人施加影响。世间不存在一成不变的规则，无论你处在职业生涯的哪个阶段，学习应贯穿始终。一项有效的谈判策略换一种情形也许就不能发挥作用。通过学习，我们会更加灵活，着眼当下，善于把握每次谈判中发现的机会，而非提前做什么预判或假设。而这一切决定着你与别人交流的效果。我记得美国前国务卿康多莉扎·赖斯（Condoleezza Rice）到外交部做离任访问时的情景。她作了一番发人深思的讲话，核心是在为政府工作期间人际关系对成败的关键作用。无论挑战有多大、问题多么复杂，也不论自己的团队多么优秀，如果不能设法与对方建立起互动关系，她将一事无成。

我到萨拉热窝就任前，曾与一位资深大使有过一次谈话。他很睿智，在巴尔干地区拥有丰富的任职经验，我很期待能向他请教他对这一地区地缘政治的看法。但实际上，他在谈话中几乎未涉及当地的历史和政治；相反，他告诫我应该与将来有机会一起工作的每个人建立真诚的人际关系。他说，你永远不会知道谁才是幕后决策者，所以切忌草率下结论。对于有些人，你也许一开始并不觉得他们与自己有什么共同之处，对与这类人建立人际关系的问题，他给出以下三条建议。

1. **留意身份之外的点点滴滴。**无论是总统、办公厅主任、首席谈判代表或大使，要先弄清他们的真实情况：哪些因素使他们早早起床；在内心深处，他们真正关心的是什么；长达几小时或几天的谈判下来，身心俱疲，他们最关心的是什么。

2. **少说多听**。为了实现上述目标，你应该仔细倾听。通常情况下，人们都愿意公开自己的想法，但问题是，你是否愿意倾听，是否注意到对方说了什么、没说什么、如何表述的，以及他们的弦外之音。许多人仍认为讲话和交流是发挥影响力、说服力的核心，殊不知听才是关键所在。

3. **找出共同点**。你会很快发现与他们的不同之处（语言、历史、政治、文化）。你要忽略这些异处，多关注自己与他们的共同之处。共同点肯定是会有的，你要做的就是找到它们，然后合作便开始了。

他的话在我心中引发了共鸣，这不仅影响着我的外交生涯，而且贯穿于我此后的工作和生活当中。

出于政治上的原因，外交官经常到不同地方任职。在这种情况下，他们在语言培训上花的时间就会减少，而且会优先考虑国家的短期利益。如此一来，国际关系遭受损害，受益于全球合作的各种潜力得不到开发，最终受损的也是我们自身的利益。要想进一步了解其他文化和政治以便共同探索各种可能性，我们需要在更多领域进行投入。

要建立人与人之间的联系，我们就需要了解并发掘诸如文化、体验及福祉（身心健康与幸福）等看不见、摸不着的影响因素，在此基础上相应地塑造我们的思维模式、行为方式和人际关系。

文化直接影响着人的行为底线

作为一个重要因素，文化直接影响着人的行为底线，这种看法早已为人们熟知。从安然公司到切尔诺贝利核电站，再到俄罗斯的国家兴奋剂事件，文化因素在重大经济与社会的灾难性事件中扮演着核心角色，类似事例屡见不鲜。文化根植于思想和情感世界的深处，在习惯于讨论数据图表和关键绩效指标的工作场合，人们很少讨论这类话题。作为构建人际关系的一条通途，驾驭更深层次的思想和情感是长期思维的重要组成部分，同时也是我们以长远眼光、更宽阔的视野重新定义成功这一过程的重要一环。如今，这种认识已经不足为奇了。

要培养或改变一种文化，我们不能被侃侃而谈的表面现象所迷惑，而要透过现象看本质。这并不关乎首席执行官们在会议上讲了什么，或者某个组织将宗旨贴到墙上，宣称自己的文化、工作如何开展，等等；而在于人们的感受以及相信什么和有怎样的体验，这些都会对他们的思想和行为及随后的结果带来影响。

针对某一主题，企业会很快提出自己的措施或标准。所谓的"文化检查"和"尽职调查"就是常用的手法。在实践中，这些做法能提供的仅是发生在某一时点上的一张肤浅的快照。要理解一种文化，就要在正式和非正式反馈基础上定期收集信息；提问时不仅要涉及任务和结果，而且要了解对任务的体验、团队成员在工作中享受了些什么、遭遇了什么挑战、产生压力或满足感的原因，等等。依据外部调查以了解企业文化或将其视为人力资源部门的职责，这种想法忽略了一个驱动人们思想和行为的事实，即组织内部的每个人都对本组织的文化负有责任。

组织发展学教授埃德加·沙因（Edgar Schein）曾在组织文化和领导力方面的开创性研究中，把文化划分为不同层次。他指出，职场里存在着不同层次的文化，从价值取向到员工的真实感受等，不一而足。价值取向即企业的宗旨，常见于企业网站、企业领导讲话中宣扬的公司价值。实际上，高层领导的溢美之词和员工个人体验之间存在着差异，而发现和读懂这种差异是理解相关文化的首要任务。

为配合主教练的工作，我与组织文化专家艾莉森·梅特兰（Alison Maitland）博士对英国奥运女子赛艇队的文化进行了研究。在此过程中，我们通过访谈、召集部分队员进行交流、定性分析等方法，运用隐喻手法来发掘更深层次的感受。有时，要了解潜规则是件困难的事，而当问及工作中的"十大戒律"，受采访者都会本能地做出反应，向我们敞开心扉。通过这种做法，我们对团体内部的亚文化有了更深入的了解。在巨大的压力面前，队员们相互帮衬，而这种亚文化在其中发挥着重要作用。比如在更衣室里的交谈，这时双方可以交流自己的弱点，为对方鼓劲。而在墙外，人们要展示自己的强大，这些私下交流的内容在那种充满竞争氛围的环境中很难让人接受。

我们在研究中也重点指出了有关弱化女性地位的问题。例如，当你进入体育馆时，映入眼帘的往往都是男性冠军的照片；在体育馆里，男性运动员通常也优先得到关照。在某些方面，主教练可以直接做出调整，而在其他方面，如团队的价值观和行为方式等，一开始就可以开诚布公地进行讨论，之后可以共同去构建并不断完善。

第 6 章已经谈到，由于领导人已经意识到要营造一种有利于高水平发挥的体育文化——既有利于运动员发挥水平，又能对运动员健康成长提供支撑，有不少体育机构和国家奥林匹克组织在体育叙事中的调门已经开始发生转变。

在英国，越来越多的运动员在运动生涯期间或之后面临转型的难题，有些人还不同程度地出现了精神方面的问题。为此，英国体育协会（UK Sport）作为在英国备受关注的体育组织，在 2016 年里约奥运会之后设立了一个新职位——诚信主管。如今，在英国，每个参加奥运会和残奥会的团队都要接受常规的"文化健康检查"。这项举措表明，不仅是奖牌，文化也已经成了进步或成功的重要标志。一直以来，以奖牌论英雄的文化根深蒂固，这种局面不会轻易改变，更不可能一蹴而就。凯瑟琳·格兰杰女爵是英国体育协会的主席，参加过五届奥运会，她反复强调："人们以为在取得良好成绩和拥有健康环境之间只能选择其一，而情况并非如此，二者实际上是相互促进、相得益彰的。"在英国体育协会这个组织中，领导的讲话风格也出现了变化，从以前只谈奖牌逐渐转变为既谈奖牌也强调其他方面。他们终于迈出了谨慎的一步。有趣的是，他们还是把奖牌放在第一位，所谓的"其他事项"则有些含混不清，缺乏明确概念。所以，要改变这种局面仍然任重道远。

2019 年，英国体育协会发起了一项名为"给我更多帮助"（#More2Me）的活动，目标是促进运动员在运动与生活之间保持平衡，同时提升运动员退役后的福利。但问题在于，如何使上述倡议成为日常训练的重要部分，而不仅仅是一种附加选项；如何让教练们相信，就提高成绩而言，这些倡议与技能训练同样重要。为此，运动员、教练和管理者之间就要开展不同形式的交流，并真正从探索体育运动所具有的更大潜在社会价值这一点出发，与体育之外的世界建立更紧密的关系。

无论普通运动员还是著名选手，过低的留存率已经越来越多地引起主管部门和其他机构对运动员切身感受的关注。纵观一系列维持英国奥运团队竞争力的所谓"边际收益"举措，比如资质鉴定计划（Talent Identification Programmes）和新技术投入等，我们发现"将运动员留住"这个话题最近才进入人们的视野。许多运动员在参加完一次奥运会后便选择退役，其实他们的职业生涯原本可以持续更长时间。如果主管部门能够在关注运动成绩的同时，改善运动员的个人体验，获得的将不仅仅是某一种边际收益。

在竞技体育界，加雷思·索思盖特（Gareth Southgate）向来以思维独特、注重文化而著称。在成为英格兰足球队主教练时（这是个常被描述为比英国首相还难做的职位），索思盖特的指导思想就是博采众长，不断学习。足球有其独立的资源、球迷群体及品牌价值，因此，足球人往往会藐视奥运中的一些"小兄弟"项目，而索思盖特却主动与这些项目的教练进行切磋，因为他发现，围绕着竞技发挥，在不同的奥林匹克项目中有了许多创新，他渴望从中汲取养分。

2018 年世界杯比赛期间，英格兰足球队风采再现。索思盖特在接受各媒体采访时总是在讲"体验"一词。与自己的前任不同，每当体育记者问及他在世界杯上的目标时，索思盖特反复强调，他要想让球员和支持团队都感受到自己所期待的那种体验。对于这样的答复，记者们一头雾水，二者完全不在一个频段上。于是记者们不停地追问："加雷思，你期待的成功是什么？小组出线，四分之一决赛，还是进入半决赛？"索思盖特重复道："我要让我们的队员和支持团队在世界杯上感受到最佳体验。"他知道，如果队员们有了这种感受，能振奋精神，就能发挥出最好水平。队员们如果处于最佳状态并发挥出最高水平，不仅可能收获最好的结果，也会时刻留意可能影响结果的不确定性和不可控因素（比如门框和裁判等）。

很显然，作为领导，索思盖特对自己的角色定位是，支持并促进自己的队员和支持团队在世界杯上享受到积极的体验，这的确令人印象深刻。至于比赛结果，一切顺其自然。同样令人震惊的是，要让那些习惯于旧思维的体育记者们理解个中的含义竟如此困难。经过了 25 年，英格兰足球队终于在索思盖特的率领下，在这届世界杯赛上发挥了最佳水平。索思盖特及其团队将再接再厉，进一步诠释这种思维在实践中的生命力。

身为英格兰队主教练，在索思盖特身上反映出的另一个突出且令人振奋的变化就是对球员个人体验的感同身受。在那届世界杯八分之一决赛后，当团队中的其他人、媒体和球迷们正为英格兰队胜利进军四分之一决赛而欢呼雀跃时，他却走向对方的哥伦比亚球员并向他们表达了同情。在世界杯期间，他曾允许并坚持让球员费边·德尔夫（Fabian Delph）回家陪伴正在分娩的妻子，这个行为也给世界杯带来一缕清新的空气（与那些缺乏人情味的教练相比，他的处理方式颇受赞誉。曾有一位奥运选手曾告诉我，他在海外驻训期间曾想给接受剖宫产的妻子打个电话，却因与训练时间冲突而遭到拒绝）。

这种体验很重要，往往也适用于其他多数场合。在企业中，保持员工的稳定对于人才竞争、创新发展、企业信誉及建立多元包容的工作环境，都发挥着至关重要的作用；在教育领域，许多学生靠自己付费完成了学业，这些人根据自己的经历对大学进行排名和评价，在今天的学生中仍在发挥着积极的影响力。有鉴于此，大学不得不转变思想并进行重大调整。通过分享别人的感受，我们就能在文化上获得更深层次的认识，于是，我们便有机会主动对文化进行重塑。

文化和人与人的关系是我们在工作场所、学校、体育俱乐部得以健康成长的重要因素，表现为你是否真有兴趣和意愿对他人的福祉付出自己的努力。

在伊拉克战乱期间，作为一名外交官，我居住在伊拉克的一个军事基地里，那是我人生经历中所待过的最具支援性的团队之一。尽管总有大量工作去做（战争期间工作从不停歇），我们仍每天数次互相通报平安。交火事件每天都会发生，为此我们被编成不同的小组，不论职务高低，每组 4～5 人，规矩也很简单：警报响起，迅速趴在地板上并穿上防弹背心（或者迅速转移到相对安全位置完成这些动作），然后用对讲机互相联系；一旦警报解除，再次互相联系以确认彼此的安全，然后才继续工作。此外，我们还经常在晚上聚会，当然，我们身边没有家人，晚上也没地方可去。在这种极富挑战性的环境下，没人想着安逸；无论什么角色、什么职务，大家都相互关照，这的确令人感到欣慰。可悲的是，当我回到白厅街（Whitehall）[①]干起"正常的"案头工作后情况就变了，无论面对眼前的危机还是个人问题，再也不见有人这样去做。是否选择主动关心和支持他人，结果大相径庭。

在我们定义个人或职业成功的时候，健康与幸福是其中的一个重要方面。可以这样说，2020年的新冠疫情或许能为我们提供一个空间，帮我们加速对这种重要性的理解。一时之间，人们都回家办公，社交距离越来越远，让人有一种陌生感。每个人似乎都觉得应该开个会，了解一下其他同事有什么感受（许多公司这样描述：它们经常开会询问其他人的近况，这已成为关心他人福祉的一种新方式，听起来确实令人惊奇不已）。此前，是什么原因阻碍我们回归这种正常状态？为什么需要一场疫情大流行才能让这些大公司推出在线问候和辅导课程呢？

在体育界，运动员承受着巨大的训练和心理压力，他们所处的环境令人沮丧。有关情形我们在之前的章节里已经有所涉猎。为了避免重蹈覆辙，体育界试图重新定义旨在高效发挥运动潜能的体育文化，并将关注点放在提高运动员的健康水平与幸福感上。弄清这种文化的内涵，同时还要强调严格训练以便在人类能力所及的范围内最大限度地发挥潜能，实现这一目标看来是一项重大挑战。

作为一家全球性非营利组织，TAP把身心健康视作竞技体育的重要组成部分，并努力为此提供指导和支持，目的是"对体育进行重新定位，使之成

---

① 白厅街又可被译为怀特霍尔街，是英国伦敦市内主要政府部门办公所在街区。——译者注

为同情、关注和心理健康的训练场"。TAP实施了一项全球性指导计划，同时，作为运动员成长和指导实践的组成部分，TAP还为相关人员提供了"以关注为基础"的支持举措，包括对体育运动中涉及的价值观、身份及同情心等进行模拟讨论，帮助运动员思考自己的社会责任，以及高水平发挥运动潜力的意义。通过以上措施，运动员对体育的内涵有了新的认识；帮助他们树立更远大的目标，不唯奖牌论英雄，在追求个人卓越的同时，思考更广泛的社会影响，在此基础上重新定义成功的内涵。这着实令我感到兴奋，让人们可以看到什么才是体育中的成功。

对所有人而言，无论职业和爱好是什么，身心健康的一项核心内容是亲近自然。人类与其他生物之间存在着密切联系，这一观点诠释了人与自然之间紧密联系的固有需求，无论对植物或动物都是如此。作为心理学分支，如今生态心理学日益受到人们的关注。生态心理学致力于探索人与自然环境之间的关系；有证据表明人与自然的联系是人类繁荣发展的重要因素。有些人整天待在工作场所或埋头于对自身发展至关重要的技术堆里，他们很少接触阳光，这无疑就是一种挑战。尽管在我参加国际比赛的早期阶段有过一些糟糕的经历，但我总能在训练比赛之余去环顾河湖四周，尽情欣赏令人陶醉的自然风光（这一直是我感觉最幸福的地方之一）。

与大自然亲近的感觉也许与刚晋升职务者踌躇满志、意气风发的感觉类似。但我们现在却希望别人能在身心俱疲、备感压抑、无法专心投入的工作环境中施展抱负，对此我们应当进行反思。在2020年新冠疫情封城的情况下，无论是否可行，各国政府都极力倡导人们能每天坚持锻炼，这听起来的确挺有意思。走出危机之后，如果政府和相关组织能继续优先考虑人们的身心健康，那将会是一件值得欣慰的事。

要想在文化、体验或福祉方面有所改善，就应该采取不同的方法，也就是说要重视并优先考虑这些有助于人们发挥潜能的基础性因素。但我们不可能像搞项目管理那样，按照清晰的月度计划，在 12 周内就某一方面问题拿出解决方案。对那些按既定时间并以季度为单位安排工作的机构而言，这也是件令人头疼的事儿。这不是安装或修理机器，而是事关如何释放人类潜能以及思考如何学习、发展和成长的方法；这是老旧的、机械的工业化语言与我们作为人类如何进行学习和思考二者之间的冲突；这是为打造让事业兴旺发达的工作环境和前程似锦的组织机构所需的一种方法，这种方法更加先进、更加灵活、更加人性化。詹比耶洛·彼崔格里利（Gianpiero Petriglieri）教授倡导"像热衷于追求工具性增长（instrumental growth）那样去追求存在性增长（existential growth）……这种管理模式使我们能够在一个多元体系和各种矛盾中，成为更加完整的人"。

培养有利于合作的思维模式、行为方式和人际关系

多数人都赞同开展合作及关注身心健康的理论和原则。有谁会不赞同这些理论呢？然而，问题的关键在于如何把这些原则融入每天的思考、行动和与他人的互动之中。现实生活中，在制订重点实施方案时，这些合作期盼是否很快被我们忽视或忘记了呢？我们的设想、成见和习惯又是怎样妨碍我们开展合作的呢？

每天的团队工作经历让我们有机会思考和学习如何与他人开展合作。商学院开设了相关课程，就是把学生分成若干小组并要求在内部开展合作，利用一系列简单的活动帮助参与者建立人际关系，相互沟通和互动。无论用意大利面、棉花软糖和细绳来建造高塔的那种老套活动，还是其他需要协作才能完成的活动，每个参与者都忘记了自己在 10 分钟前刚认可的合作原则。正

如我们前面看到的，习惯于说教别人，不注意倾听他人意见，不愿从其他视角看待问题，对自身能力及"正确"行为方式的高估，与他人进行高低比较，等等，所有这些有碍合作的行为和认知都会经常且不自觉地表露出来。

只有到了事后，当听到反馈并对已经发生的事进行反思时，我们才逐渐认识到自己对合作的开放态度也许并不像想象的那样，以及在培养这种思维模式和行为方式方面还有许多工作要做。从这个意义上说，如果相信合作会让人变得不一样，我们完全有能力做出选择，主动加以推动。在早期教育以及工作培训中，有关合作的内容无足轻重，因此我们在这方面往往做得很不够。

主动开展合作需要具备一种新的思维模式，也就是去挑战以往的假定，即生活和工作在于比较和竞争。这就要求我们去触发大脑中注重社会利益的那部分功能，而不是触发注重个人竞争和短期效果的那部分功能。沿着这条思维路径，我们就能超越奖金、奖牌这类短期目标，并立足长远，追求更有意义的成功。

于是，在衡量成功这一目标时，人们所关注的不再是超越竞争对手，而是为了共同目标如何与别人开展合作。本着合作目的去考虑问题，我们就要挑战以往的一些思维定式：靠自己解决问题，别人的失败就是我们的成功，向别人求助无异于欺诈，等等。保罗·斯金纳（Paul Skinner）曾做过这样的解读：

> 我们不能发挥合作优势，最大的问题也许就在于忽视了别人帮助我们更好地解决问题的过程，或者先提出质疑，然后试图完全由自己去应对……通过构建合作优势所能创造的大部分价值便留在桌面上了。

从这些失去的合作价值中，我们可以发现那些只注重成功的狭隘观念如何阻碍了我们的发展。正如连锁餐饮集团 LEON 的联合创始人、首席执行官约翰·文森特（John Vincent）在其所著的《不战而胜》（*Winning Not Fighting*）一书中指出的那样："无论在哪里工作，我都见证了与人合作比消灭对手能带来更多收获。"

合作是一个积极的学习过程：向别人学习，与别人共同学习；反对别人的支配、控制，在工作中大胆探索各种可能性。世间存在一种以提高效率并通过知识、资源和权力控制来实现价值和竞争优势的旧方式，还有一种以合作、创新、拥抱不确定性来创造价值的新方式，二者之间的反差已经逐步显现出来。

如今，高度互联的世界为人们创造了大量机会，社会和经济形态日益复杂，对人类决策过程的理解更加深入，这一切正在从前从未见过的领域里催生出新的合作模式，其中最具代表性的就是共享经济。

共享经济的运行模式建立在合作基础上。迪士尼或华纳兄弟影业公司的成功取决于自身占有的资产，而 YouTube 则依靠用户来创造核心价值。维基百科和爱彼迎（Airbnb）也秉持相同的理念，对按照传统模式经营的《大不列颠百科全书》（*Encyclopaedia Britannica*）和大型连锁酒店都构成了挑战。爱彼迎、易车俱乐部（Easy Car Club）采用的商业模式（点对点租车服务）从本质上讲依靠的是信任和反馈机制。这些商业模式需要运用不同的机制，把构建信任与合作作为重点，它们的成功再次证明相互之间的合作并不违背人类天性。

身为英国赛艇运动员，我在这个领域结识了许多运动员，知道哪些学校开展赛艇运动，同时还认识很多大学的赛艇俱乐部成员并结识了不少退役的英国赛艇选手。然而，我和自行车、皮划艇或游泳运动员却没什么交集，但作为耐力运动员、水上运动选手及奥运会选手，我们身上有许多相通之处。休·坎贝尔女爵讲述了自己当年作为英国体育协会负责人时的一段往事。她曾运用自己的全部政治资本把各个奥运项目的主管召集在一起，用一天时间共同探讨相互之间的合作问题。起初，有人不愿浪费宝贵的时间，怀疑自己能否直接从中受益，一些比较成功的主管则质疑自己能从其他项目上学到些什么。休·坎贝尔要求每名与会者谈想法，向大家介绍自己的项目都有什么亮点，在哪些方面引领世界。她在不同项目之间结对，例如自行车和花样游泳、帆船和射箭，然后就是等待。没过几分钟，这些主管就聊得火热，不时拿出记事本来做记录。休·坎贝尔知道她找到了通往成功之路：让耐力运动的专家们分享自己的经验，让水上运动的负责人相互交流，创造条件让大家就各自想法、解决方案等互相取经。毕竟所有人都在努力营造实现卓越的环境，都想激发和最大限度发挥运动员的潜能，努力将英国奥运代表队的成就提升至从未有过的新高度。

相互之间的沟通与合作，不仅促进人们去分享最好的经验和想法，同样也会对人的内心思想带来深远的影响。在这种情况下，各项目之间开始相互沟通并把自己视为整个英国代表队的一个组成部分。以往的各种封闭式工作方式受到了挑战，开始被拓宽。当一个项目有出色的表现时，人们再做其他项目时就能很快掌握其中的成功秘诀，而且会士气高昂，因为他们深知，既然别人能尝试新事物并取得更快的进步，那么自己也能做到。正如之前我们在讨论边际收益问题时所了解的那样，当你参与到一种令人激动且富于开创意义的工作时，那种来自内心的强烈激情就如同所分享到的知识一样，将发挥十分重要的作用。于是，那种封闭的工作方式便被打破了。

合作是一个宽泛的概念，我认为有必要对此进行适当的展开和说明。有五个关键方面需要我们有意识地加大投入，主动进行开发，分别是：选择合作而不是竞争，提升互动效果，建立互信，营造包容性环境，以及与身处其中的群体保持联系。

要想树立通过合作取得成功的信念，就要清除所谓的神秘感，这种神秘感往往会让我们倾向于相互竞争而非开展合作。正如我们在第 2 章所了解的那样，并不存在阻碍我们选择进行更深层次合作的生理或心理因素。玛格丽特·赫弗南满怀激情地总结了过去 50 年西方文化如何完全执着于竞争，到头来让我们变成"更大、更猛、更吝啬和更成功的竞争者"：

> 仿佛整个文化都深陷于充斥着雄性荷尔蒙的怪圈里。我们已经接受了这样的观念：不当顶级成功者就是失败者，不是赢家就会是输家。然而，我们惊讶地发现，这种文化在鼓励人们开发合作天赋方面有很大的缺失。其实，合作天赋就在那里，只不过我们没有尽力发掘罢了。

本着学习的态度，努力向合作伙伴或对手学习并相应调整自己而非处心积虑打败他们，我们因此就有了更多选项。"competere"一词的本意是共同努力，因此在参与心态下，竞争者只是被视为一个最基本的因素，如此一来，压力和恐惧感就会随之降低。运动心理学家和教练们把竞争中的"挑战"与"威胁"进行了区分：如果你正在输给自己憎恨或惧怕的人，你便会感受到威胁，血液里的皮质醇（导致压力的荷尔蒙）含量升高、紧张程度增加；受其影响，清晰而有效的思考能力就会随之下降，进而影响能力的发挥。如果你输给自己敬重并希望以最佳状态与之"竞争"（共同努力）的人，那么，你感受到的就是一种积极的挑战，这时你就能清晰地思考并提升自己发挥的水平。

为了说明拥有"值得拥有的对手"的意义，西蒙·西内克讲述了自己与工商管理学者、演说家亚当·格兰特（Adam Grant）之间相互较量的往事：

"他是我的主要竞争对手，我总想战胜他。"但西内克意识到，"不把精力放在提升自己上……只是一门心思要去打败他更容易"：

> 竞争就是这样，对吧？你总想赢得胜利。但问题是，所有衡量领先或落后的标准都具有主观性，而这种比较的标准是我自己设定的。此外，由于竞争没有终点线，因此在一场无法取胜的比赛中，我就总想去竞争……

现在，西内克将格兰特视为心仪的对手而非竞争者，认为他能帮助自己做得更好。在体育运动方面，我们可以找到大量类似的例子。克里斯·埃弗特·劳埃德和玛蒂娜·纳芙拉蒂洛娃（Martina Navratilova）在竞争中相得益彰，佳绩频出，相互欣赏。多年来，从费德勒（Federer）和纳达尔（Nadal）之间进行的网球大满贯决赛中，我们再次看到两个对手之间的相互尊重和深厚友谊；离开了一方，另一方都不可能取得那些骄人的佳绩。

在工作中要互惠互利，对此开展的研究挑战了诸多陈旧、顽固的观念，例如，慷慨很容易被别人利用，愿意对别人提供帮助、花费时间和精力的人往往缺乏追求成功的雄心和渴望，"好人总会落在最后"，等等。亚当·格兰特关于职场中"给予""竞争"和"索取"等行为的研究表明：

> 成功的给予者，与那些索取者、竞争者一样雄心勃勃，他们只不过是在追求目标的过程中采用了不同方法而已……在给予者获得成功时，有些东西方显得与众不同：影响会向外传播。而当索取者成功时，往往意味着有的人输了……给予者的成功会产生涟漪效应，能帮助身边的人也取得成功。

在工作场合如何与身边的人进行沟通联系，对这个问题采取不同的态度，能真正为我们改变工作环境、远离制约成功的零和博弈文化创造条件。

无论当前工作是团队开发、领导力提升，还是文化转型，关键是把握好互动的质量。我们可能是某一个团队、小组、院系或班级的一员，无论在哪里，相互之间的联系和沟通方式都会改变我们身处其中的切身体验。

在外交领域工作，特别是在驻外期间，我们每天都得进行互动，这就要求我们经常审视、反思自己与他人的沟通交流情况。但我注意到，这并不适用于所有的组织机构。

我在与运动队员交流时曾说过，如果一个教练处于支配地位，能决定谁去（谁不去）参加奥运会，整个运动队便处于一种不安全的环境，这时人们就很难去挑战教练的权威，甚至提点意见也得冒一定的风险。在工作中，年度测评往往会扼杀对关键问题的沟通交流，因为人们不敢直抒胸臆。

在对沟通有效、影响力较强且表现优异的团队进行研究时，你会发现它们的一些共性：

- 经常开诚布公（既耐心倾听又直言不讳）地进行沟通；
- 在承担风险、试错、提出不同意见及挑战现状时无后顾之忧（心理安全感）；
- 在沟通过程中敢于直面自己的弱点，愿意寻求他人帮助（有力量而非怯弱的表现），关心同事，对工作有好奇心。

大多数人都赞同并希望自己的团队也具备这些品质。然而，在现实中，又有多少人在日常工作中有意识地加强这些方面的工作呢？谁会把这些品质纳入自己的工作目标中呢？谁会在开会讨论工作时把这些作为优先事项呢？谁会在其学习和发展规划里进一步明确这些内容呢？在建立信任的过程中，人们之间的互动才是关键。

信任是生命的一部分，从小时候起，我们便从家庭成员和玩伴那里体味到了亲情和友情。于是，我们逐渐开始了解了什么是信任，它是如何建立和破灭的，这对我们的一生都极为重要。

我曾是一名期望自己成为世界一流赛艇选手的运动员，作为外交官参加过一系列旨在解决复杂而艰难的国际争端谈判，如欧盟指导原则的协商、支持波斯尼亚政治家在 20 世纪 90 年代国内冲突后接受改革倡议并推动国家前进的谈判，等等。在我涉猎过的领域中，信任对成功都是至关重要的。如今，我在一些旨在提升领导力和团队管理水平的机构中工作，我体会到，在挑战常规、开展更深层次对话方面，互信是不可或缺的。相关研究表明，工作场所的良好信任关系能为人们带来巨大利益。然而，有多少组织机构会把信任放在优先位置呢？即便如此，又有多少组织机构会将其与反复检视的其他标准和关键绩效指标同等看待呢？

研究表明，与相互间信任度低的公司相比，在信任度高的公司工作，员工往往压力更小，精力更充沛，效率更高，请病假的更少，工作更投入，对生活满意度也更高，很少出现身心俱疲的情况。这往往意味着这样的员工更能积极主动地解决复杂问题，对学习更热心，业务水平自然就会提高，因此也就更愿意留在公司继续工作。

如果通过一系列研究得出的结论是，在信任度更高的公司里，员工较少遭遇慢性压力的困扰，生活更幸福，工作中的表现也就越出色，那么我们认为各公司都会在提升信任度方面加大投入。但事与愿违，在我们去过的每个地方，信任都在不断弱化。在我们目前身处的文化和各类组织机构中、在政客中，人们之间的信任度远低于上一代人。一项研究显示，在受访的所有员工中，对管理层表示信任的只占 49%，仅有 28% 的人相信来自首席执行官的信息是可信的。这种情形带来了严重的负面结果，使沟通、互动和决策的效率大为降低。在 2016 年的全球首席执行官调查（Global CEO Survey）中，普华永道公司发现有 55% 的受访者把信任缺失视为机构发展的一种威胁。这是利用传统标准评判成功与否时经常忽视的另一个关键领域。无论是在工作场所还是在体育比赛中，如果想认真应对复杂挑战、充分发挥自己的水平，我们就再也不能对这种局面熟视无睹了。

我曾参加过许多旨在提升工作单位包容性的研讨会，其中信任、合作和高质量沟通一直是人们关注的主要议题。有一家公司，其高层领导通常在季度业绩评审会后，直接就领导力问题展开讨论。该公司在其战略中申明，它将进一步营造更加包容的经营环境。当要求对此目标做进一步澄清时，领导们一片茫然。沉寂了一段时间后，老总们才开始转换思路。当然，这不同于他们之前仔细审核季度数据和报表内容的做法，所使用的语言、推崇的理念也不一样。我们开始就沟通质量、什么是心理安全感以及会议室外同事们的亲身体验等话题进行讨论。大家第一次围坐在一起参与这种形式的对话，每个人都兴致满满。但应注意，这种交流不应匆忙进行，更不应将其硬塞进日程已经很满的会议当中。

21 世纪，商业上的成功往往取决于企业能否解放思想、更多倾听来自各方的不同意见。相较于仅注重财务管理和效益指标或压缩成本的方法，企业的成功更多地与创造和创新能力，以及积极应对不确定性等因素联系在一起。许多公司正在对自身能力和价值取向进行调整，更多注重合作与创新（我们在公司的各种会议和战略讨论会上常听到的时髦词）。这就需要营造一种员工能真正融入其中、相互之间能密切沟通的工作环境，不应出现到点上下班、不思进取、出门还是这样等情况。领导或管理者在挖掘创新创造潜力，激励员工敬业和充分发挥潜能的过程中，应该把注意力放在人而非工作头衔上。

要想养成包容、合作、信任他人的习惯，我们就必须采用新方法与人们进行交流，乐于探究新旧方法之间的差异，善于发现新方法能给我们带来些什么。与更广泛的人群进行交流，能帮助我们增强群体意识，同时也有利于自己（无论自身还是工作）今后能融入其中。如今，人们越来越多地感受到商业、体育和教育对人群的影响，同时也意识到在塑造更强大、更广泛的纽带方面存在巨大潜力。我们在第 10 章讨论了"目标导向活动"，强调如果企业想要获得成功、培养爱岗敬业的员工队伍和忠诚的客户群，就必须为自身所在领域和环境做出积极贡献。除此之外，这个时代有诸多紧迫议题，需要我们与周边更广阔的世界共同体建立联系，我们要意识到自己的所作所为将对无数的当代人和下代人带来潜在的影响。

2020 年爆发的全球新冠疫情催生了人们共同生活和工作的新方式，让人们有机会去重塑社会，重新认知和思考自身的价值观，反思什么才是生命的终极意义。这场疫情为人们带来了一种更为广阔的全球性视野，病毒大传播为我们展示了世界是如何相互联系在一起的。这次疫情的挑战具有全球性，它警示我们，仅注重短期效果而忽视长期风险，这也是我们要面对的风险。多年来，我们在实现提高效率、削减预算等目标的同时，也影响了应对类似公共危机事件所应做的准备工作。

我在书中提及了 21 世纪全球面临的各种挑战，但无意对每一种复杂挑战进行深入的分析，我的重点是探讨应对上述挑战所需秉持的理念和采取的行动。有一点很清楚，即人类面临的最紧迫的问题（从气候变化到核裁军，从全民健康到难民潮等）需要各国共同做出响应，要在包容不同观点、尝试协作解决问题等方面形成共识。我们甚至可以说，人类的未来取决于相互之间更深入、更有抱负及更加多样化的沟通能力。本书已经揭示出人类具备这种能力，但我们尚需有意识地加以开发。尤瓦尔·诺亚·赫拉利（Yuval Noah Harari）写道："人类所拥有的独特叙事能力促成了人们之间的广泛合作，这也是成就人类进化奇迹的关键。"长期意味着什么，在思考这个问题时，我们应该把这种独特能力发扬光大。

关于"相互联系"的几个要点 ··

1. 思考一下自己和哪些人的关系最紧密，相互交流的效果如何。

2. 考虑一下你希望自己获得什么感受，希望周边的人有什么感受；你将如何塑造它们。

3. 主动与他人建立更深层次的联系。这些人包括同事、传统意义上的"敌人"或对手、与自己不一样的人，以及那些虽不相识但日后能丰富自己生活的人。

4. 培养相互交流的习惯，经常检视自己，通过有效沟通、合作而非竞争、信任、包容、树立共同目标和共同体意识等，适时调整自己。

5. 思考一下用什么方式对自己生活中的人进行排序，今后如何加以调整。

结语：新语言、新问题、新故事

夫唯不争，故天下莫能与之争。

——老子，《道德经》

摒弃习以为常的胜利用语，不断发展新语言

关于"赢"一词，我们从第 1 章了解到"赢"一词的来源，同时回顾了这一概念的主流定义形成过程，以及随之而来的思维、行为和互动方式，以及相应的一系列特定结果。与此不同的是，长期思维着眼长远，将学习和成长、进步摆在与结果同等重要的位置，注重把握对实现自身目标发挥关键作用的合作与沟通的程度，并在上述基础上赋予"赢"以全新定义。

在这个再定义过程中，语言是我们思考、行动、互动的关键工具。用什么词汇表达思想将决定着这种思想的活力。尽管思想先于表达其含义的词汇而生，但只有当思想被恰当地表达之后才能被人们充分地认识、分享、实践和完善，才能获得人们的支持和遵循。语言是心灵的一扇窗户，确切地说，语言一直是本书用来揭示"赢得胜利"的全部内涵的一条主线。有关成功的语言已经融入人们的日常生活，对我们理解与本话题相关的看法、倾向和臆断发挥着关键作用。

就个人和工作而言，我对这方面的认识正日益深化。有时我们想强调某件事，但所使用的语言却暴露出自己对此事并非全然相信。举例来说，有些团队领导要求其成员能坦言并分享自身的看法，但在随后的会议上（我也应邀参加），我发现这些领导的所作所为（口头和非口头）却恰好相反。当有成员提出新想法时，这些领导要么不屑一顾，要么断然否决，甚至很不耐烦地打断他们的发言，而领导者本人却对自己所作所为的负面效应浑然不觉。

改变自身长期以来耳濡目染、习以为常的文化观念不啻于一项艰巨挑战，这一过程往往困难重重。要改变自身的有意识行为，就要善于发现潜意识中的种种蛛丝马迹，这是我们要面对的诸多困难之一。多数领导者怀着良好愿望使用、尊重、包容下属，但却没意识到，在听取谁的意见、认可或奖励谁、描述成功时使用的语言、确定单位内的成功者等问题上，会挫伤部分人的积极性，让他们有一种不受重视、被排除在外的感受。

注意说话内容、把握好所使用的语言，要让人感到很自然，避免产生紧张或恐慌感。语言本身具有力量，而且一直在发展、变化当中。要提高语言运用水平，唯一的途径是不断发展自己的语言。形成自己的思想并与他人分享，这是一个不断循环、逐渐拓展的过程，其中充满着乐趣。在这一过程中，你不仅要关注自己想说些什么，而且还要注意说话的效果。这就要求我们从多种渠道收集反馈信息，停下来听听周围的反应，回味一下自己的话，再品味个中的含义。这种做法无疑是我们融入环境、形成共识的极好方式。

由于我们关注、审视甚至质疑相关措辞的含义，所以看问题的角度也就不一样了。以前被贴上"失败者"或"二流选手"标签的人很可能就是潜在的重要贡献者。作为更具包容性团队中的一员，这些人的经验和建议开阔了团队思路并相应体现在决策、计划和行动中。这种实践为更具包容性的工作场所和智库创造了机会，人们从中可以借鉴、改进思路并在此基础上解决问题；同时，还能培育成员的参与感和归属感，消除排斥与隔阂，使建立互信、开展合作成为可能。

用新视角观察世界，换种角度提出问题

当我们质疑现状时需保持谨慎。在此过程中，提出问题则是我们手中最得力的工具，具有重要的指导作用。对某些习以为常的胜利用语，我们不仅能提出质疑，而且还要找出描绘长期思维时使用的措辞。听到"赢就是一切"这句耳熟能详的话时，我们便有机会发掘出更多内容。你会问："真是这样吗？为什么？你想赢得什么？你要打败谁？你还能改变什么、创造什么？"

在安排奖项的时候，你要考虑：奖励什么？谁是优胜者？过去表彰的是些什么人？下一步应该表彰哪类人？重视什么人，轻视什么人？自己是否在奖励短期结果，或者是否在追求更深层次的贡献？在这些方面要有个标准。认为自己无所不知、坚毅果敢、掌控一切，这就是那种颇具传统的英雄情结。作为领导，对此要三思，防止身陷其中。我们要做的是营造一种良好的环境，使沟通与协作成为常态，让同事们在这种环境中都事业有成。

常言道，"只有赢才能证明自身价值"，如此等等。现在该是我们对这类无聊口号提出质疑的时候了。为此，我们不妨抛出一些更深层次的问题。比如：为什么过去发生的事一定能预示未来？还有没有其他可能？从最近的经历中你能悟出些什么？当听到有人指称某人为失败者或才华出众时，你应保持探究之心，设身处地想一想：导致这种看法的原因是什么？是因为担心出现差异，还是担心发生什么变化呢？用新视角观察世界，我们能收获什么呢？

使用什么词汇、提什么样的问题，都将决定我们能否开阔视野和未来空

间，是否会让自己在一个太过狭小的世界里作茧自缚。一旦从简单的"非赢即输"的二元语境中跳出来，我们就会以全新的眼光审视这个世界，不断适应环境、逐步成长并开拓新的发展空间。

哪些问题会让我们每天进行思考、采取行动？在日常生活中，我们是否愿意提一些新问题？上述两个提问值得我们深思。在这里，我有几条用以开启长期思维的建议。这些都是事关如何进行选择的建议，尽管我们在日常生活和环境的某些方面无能为力，但这些选择都在我们掌控之中。

在践行长期思维方面，你每天需回答下列问题。

1. 经过一段较长时间以后，你期待有哪些改变？为实现目标，你现在能做些什么？你的短期目标是什么、正采取哪些措施？上述措施对实现长期目标有什么帮助？

2. 你如何判断今天是否成功？希望自己有何种心境？对自己和周围的人，你要提什么问题？对于今天发生的事情，无论好坏，你怎么看？

3. 你今天要学些什么？即便没取得预期成果，自己会有什么收获？

4. 如果你今天做得不错，谁会是输家呢？他们一定会输吗？自己的竞争对手是谁？如果与他们开展合作、形成共识，你会做些什么？

5. 对你今天邂逅的人，你将如何与他们联系和沟通？你希望对他们发挥何种影响？

用新故事探索运动更深层的意义

我惊喜地发现，与痴迷于名次这类陈腐观念相比，一些秉持相同理念的新奥运群体正在用全新的语言为我们讲述着新的故事，令人耳目一新。在对极限运动等冬季项目运动员进行采访时，我曾目睹运动员们共同欣赏着精彩的腾空动作，不分彼此，高声喝彩，体现了一种强烈的交融和整体意识。对惊险动作的挑战而非收获奖牌这一目标，成就了运动员们巨大的荣誉感和自豪感。对他们而言，运动就要冒险，挑战一切可能性，不能为赢取奖牌而因循、求稳。推动体育发展并为之贡献自己的一份力量，这才是运动员的最大使命和褒奖。

创办于 2014 年的"永不屈服运动会"（Invictus Games）为我们认识体育比赛打开了一扇新窗。尽管同其他传统运动会一样，这个运动会也设立了众多比赛项目，但目的完全不是为了输赢。该运动会推出的都是些适应性项目，比如轮椅篮球、坐式排球以及为伤、残、病军人和退伍老兵设置的室内赛艇比赛，等等。运动会的名称"Invictus"取自拉丁语，意为"不可战胜"或"无法击败"，其旨在"通过参与体育活动鼓舞、促进病体康复，呼吁对伤、残、病军人给予更多理解和尊重"。作为运动会的赞助人，哈里王子、苏赛克斯公爵在谈及该运动会时说："向终点冲刺的选手转身为落在最后的人加油、助威。队友们选择一起冲过终点线，虽不想屈居第二名，但也不想落在后面。这些运动彰显的是最完美的人类精神。"

以"教条、专横"著称的美国体操教练瓦洛莉·康佐斯·菲尔德热衷于夺冠。通过收集各方面的意见反馈和深刻反思，她改变了原来的执教理念，开始推崇"无论输赢都要做生活中的优胜者；用耐心、真诚、担当赢得信任。自然，她此后的教练工作收获了更好的效果。在这方面有许多鲜活的例子，美国年轻体操运动员凯特琳·大桥（Katelyn Ohashi）就是其中的一个。大桥才华出众，她一进大学就宣称自己"讨厌一切与成功有关的事。我不想再争当冠军，因为这会让我付出快乐的代价"。瓦洛莉意识到，自己要做的就是帮她从体育运动中重新找到乐趣。她把大桥当成普通人，除体操外还关注其生活的其他方面，无论比赛结果如何，都对她关爱有加。功夫不负有心人，慢慢地，大桥重拾激情，在 2019 年全美大学生挑战赛上，以一套惊艳的自由体操规定动作得了满分。一时间，赛事的电视转播风靡全球，观众高达 1.5 亿人次。比赛过程中，大桥的脸上一直洋溢着喜悦之情，那场面令人流连忘返。

在 2019 年环法自行车赛中，杰兰特·托马斯（Geraint Thomas）向自己的队友、竞争对手埃甘·贝尔纳尔（Egan Bernal）做出的举动出乎观众和解说员的意外，但同时又令人深受感动。尽管托马斯也想保住自己的冠军头衔，但其无私精神和强烈的团队意识最终占了上风。这是一场最令人精疲力竭的国际赛事，他决定成全比自己年轻的哥伦比亚选手。托马斯的壮举为人们诠释了比赛与成功的新境界。作家、风险投资人迈克·莫里茨（Mike Moritz）在《金融时报》的一篇文章中写道："……比赛真正的获胜者是那个第二个到达终终点的选手，他能享受他人的成就。"赞美之情溢于言表。

詹森·多兰曾是一位加拿大奥运赛艇选手，其运动和教练生涯一直围绕着"一切为了夺冠"展开。多兰跟我说，他在山穷水尽时才认识到，其实还有其他可选择的道路。他提出了一种以过程为中心的教练思路，强调同情、共情和吃苦耐劳精神，通过激发内生动力，为运动员营造一种能充分开发潜能的安全环境。他对体育的破坏或激励作用有切身体会，并以自己的失败经历向他人表明，无论体育、工作还是生活，其实你可以秉持不同的态度。至于体育对人生的意义，如果换一个角度看，便能发现其中的新意境："你可以选择墨守成规，视赛场为战场，为了赢而不择手段地摧毁对手；或者，你也可以选择更有意义的做法，而那里蕴藏着最适宜的机会"。

约翰·麦卡沃伊（John McAvoy）是我遇到的最具感召力的运动员，但他从未获得过任何奥运奖牌。作为耐克公司唯一赞助的铁人三项运动员，之所以收获这份殊荣，并非因他在世界排名中靠前，而是那些有关他的感人故事。

麦卡沃伊曾因持械抢劫成了当年英国政府通缉的要犯。服刑期间，一位管理监狱运动场地的狱警慧眼识珠，通过他在划船器械上的表现发现了其体育才能，从而改变了他的人生。过了几年，他出狱了，成了一名铁人三项职业选手。除训练以外，他还活跃在多个场合，为贫困社区和少管所的青少年提供帮助。作为运动员，他认为履行社会责任与参加比赛同样重要。他与人交流，谈论生命中什么最重要、获胜对他意味着什么，等等。他的经历与众不同，无论中小学学生、大学毕业生还是商界领导都深受启发，他们认识到，除争夺第一之外，人生还有很多机会和选择。

类似的故事比比皆是，希望我们能多发现身边的这些故事。我们可以进行选择，把这些故事及其对我们的启迪发扬光大而非纠结于结果和赢家。

许多运动员正踏上新的旅程，开始探索运动更深层的意义。有时这样的探索是有意为之，有时是机缘巧合，还有时则因身处逆境不得已而为之。作为优秀运动员，拓展自身边界的能力无形中会让自己养成一种思维模式，就是做好准备，在直接结果之外寻找其他可能性。他们不仅会经历牺牲、伤痛和斗争，在描述这一过程的词汇中还应包括友情、关爱、人际沟通、情感安全、意义、支持、价值、诚实等，不一而足。体育运动之外的情形也如出一辙，而我们面临的挑战是关注并进一步发展这些观念。

正如我们已经了解的，长期思维要求我们倾听、讲述不一样的故事。我们知道，有的故事能帮助我们重新认识成功（对自己和身边的世界而言）的意义，而长期思维则激励我们对这类故事提出更多问题。正是通过这些故事，我们才会改变和塑造自己的人生。

美国专栏作家、《纽约客》特约撰稿人马尔科姆·格拉德威尔（Malcolm Gladwell）在其所著的《逆转：弱者如何找到优势，反败为胜》（*David & Goliath: Underdogs, Misfits and the Art of Battling Giants*）一书中，对大卫和歌利亚的故事进行了重新解读。以前，我们对这个故事耳熟能详，也没有什么不同的看法，但格拉德威尔却从一个新视角出发，对这幅简单画面提出了质疑：尽管很艰难，这小伙子最终战胜了强大的勇士。格拉德威尔从不同的角度看待大卫与歌利亚的对垒。他认为：歌利亚的盔甲成了沉重负担，因此无法快速移动，甚至看不清对方，一战下来便筋疲力尽；而大卫则另有打算，其策略是运用与野兽搏斗中练就的技巧，施展自己的力量，用弹弓对付歌利亚，由于没穿盔甲，大卫得以发挥速度和机动性优势。以前，我们并没从这个角度进行诠释，甚至没想过换个角度看问题。人们都觉得大卫不会赢，这说明我们在判断谁能获胜、力量是什么等问题上的局限性。格拉德威尔指出，古以色列第一任国王扫罗在评判力量时只看身体是否强壮而没考虑其他因素，比如"用速度和奇招对付蛮力"。格拉德威尔接着说："我们今天仍在犯同样的错误，比如怎样教育子女、惩治犯罪、维护社会秩序等，几乎影响到社会的方方面面……"

通过这个全新的解读，格拉德威尔让我们意识到有必要对建立在有限假设基础上的主流叙事进行质疑：

> ……多数情况下，我们眼中最有价值的东西往往来自这类非对称博弈，原因在于，勇于面对这种危局的行为会催生出伟大和美感。在这方面，我们经常误读，而且一错再错。庞然大物其实并非像人们想的那般强大，赋予他们力量的因素同样也是其致命弱点的根源。身处劣势这一现实能改变人，让他们换个角度看问题：弱者地位会让你打开门窗、创造机会、接受教育和启迪，让原来那些不可思议的事成为可能。

同样，人们也会发现自己对胜利内涵的误解。其实，胜利并非我们想的那样。助力人们收获短期胜利的因素也许会招致长期失败，挫折在无形中催人奋进。而成功可以是另一番景象：开启新的可能性，为探索更大目标创造机会，而这些目标是我们过去难以想象的。

讲述、聆听和搜寻各种故事和观点，是我们在日常生活中养成长期思维的助推剂。有个故事让我记忆犹新。记得在一次公司晚宴上，我聆听了一位奥运赛艇冠军讲述的亲身经历。多年来，他和队友战绩平平，后来他们逐渐改变了方法，对自己的动作及相互配合等情况进行反复检讨，功夫不负有心人，他们发挥得越来越好，最终在奥运会上一举夺冠。故事很有感染力，讲得也精彩。晚餐结束时，大家热烈鼓掌，满怀敬意地看着那枚漂亮的奥运金牌。这时，坐在我身旁的一位企业家转过身来，对我说：

> 故事的确精彩，很有感染力，但……（他压低嗓门，像是有什么不同看法）我不禁想起参赛的其他运动员。他们情况是什么样？比赛之所以精彩有赖于所有人的参与。那些人可能训练得同样艰苦，或许更甚，他们同样在检讨自己所做的一切，却无缘出现在这里。因为他们没得金牌，所以我们无缘与他们见面，向他们学习并表达敬意。但我想，他们的故事或许也能有所借鉴。

对他的话我一直铭记在心，成了我写作这本书的动因之一。如今，我们是该认真思考那些不同以往的故事了。这些故事极有价值，很可能对现在和未来的成功至关重要。

对于重塑自己和周围人的思维方式而言，讲故事是一种最生动、有效的方法之一。我们选择和挖掘的故事能拓宽自己的视野，为自己的工作赋予新的意义。本书中穿插了很多故事，有些是我自己的，有些来自我所遇到或访谈过的人，有些来自我的培训对象或同事，另外还有些来自我读过的书。讲故事的目的是抛砖引玉，让你们回忆起有关自己的往事，帮助你们从不同视角看问题，品味其中的内涵和意义，并在此基础上帮助你们形成对长期思维的认识。

赢到底意味着什么

作为一本以问题为导向的书籍，我自始至终力求从尽可能多的视角探究、思考这样一个问题："赢到底意味着什么？"我并没试图找出标准答案或某一简单公式，只是想通过书中的故事、问题和看法，唤起你们的热情并根据自身的成功体验追忆相关的例证和所思所想。一旦开始寻觅，你往往看到更多。要留意自己脑海中浮现的那些故事，看看哪些获胜经历最令你记忆犹新，职场、学校或家庭环境中有哪些方面你准备用新的眼光加以审视。

关于赢以及围绕着它的诸多悖论，我们都做了澄清并进行了认真讨论。我们发现，那些在人们眼中看似简单、积极和美好的事物，实际上有着多重面孔。我们在探讨中发现，就长期而言，那些在生活中被视为赢的东西，实际上并非总是积极而有意义的，个人、社会、机构甚至整个世界概莫能外。毫无疑问，我们还有其他选择。

面对赢的真正意义，我们敢于正视并发出挑战，这时我们会说"赢并不代表一切，那仅是一件事"。我们已经发现，如果真是这样，那么"那仅是一件事"就只能是暂时的，不具有持久意义，只不过是制约我们探索更多可能性的桎梏。

让我们挣脱羁绊，从短视而狭隘的输赢观里走出来。我要做的就是帮助大家树立长远目标，拥抱更多可能性，在此基础上不断开发自身的潜能。立足于长期思维的教育体系、有利于高效发挥的体育环境及相应的营商和政治体系究竟是什么，在本书多次有关的讨论中，我曾对此有过一番思考和设想，同时也有一些困惑。有人希望我多谈一些这方面的细节，但很遗憾，这是本书难以完成的任务。尽管如此，我提出了一些想法、质疑，以期抛砖引玉。此外，本书还介绍了多位教练员、运动员、商界领袖及教师在这方面的探索。

只要我们的文化和头脑中仍存在狭隘、短视的输赢观，我们的首要任务便是继续挑战这种现实。以此为起点，我们能明确目标，让生活变得更有意义，让自己与身处其中的领域和社会联系在一起。通过探索新理念、挑战旧观念，实现终生的持续学习和发展。通过建立沟通和联系机制，运用不同合作形式，成就最佳的自我。

本书及其背后丰富多彩的生活是探索成功之路的重要组成部分，而我们自己有时却不能置身其中。人生是更大的舞台，我们要收获的远不止几枚奖牌。身处 21 世纪，赢对我们每个人都意味着什么？现在，该是我们重新定义的时候了。

关于长期思维，你怎么看呢？

附　录

下表所列内容有助于说明"为胜利不惜一切代价"这类彰显短期思维的语言及其与"长胜思维"理念之间的区别。例子虽不够详尽，却能生动刻画出"长期思维"的意境，有助于我们更好地理解并主动加以丰富和发展。

现实中的长期思维

短期思维	长期思维
	厘清思路
注重具体、短期效果，不愿或害怕审视、探究当前架构之外的效果	更宽阔的视野助力我们树立更大的格局
注重具体指标和数据（销售数据、利润、关键业绩指标、目标、竞选结果、考试成绩与排名）	用更宽广的视角定义成功和有意义的指标。例如，个人经历、人生价值、创造力、合作、目标推进、健康与幸福
重视短期收获，或者当压力来临时将价值观抛诸脑后	无论是顺境还是逆境，价值观都有意义
表达文化——也就是宣传些什么。通常会张贴在墙上，将重要语句纳入政策范畴	更深层次的文化，最看重个人在组织中的体验
注重短期结果，作短期决策	从错误中吸取教训、做出调整和改变，以实现长期发展和兴旺，为此甘愿牺牲短期利益
成功在于追求结果，无论代价如何	把成功当成一种文化，表现为做事的方式；注重员工／运动员／学生的体验；主张正直与诚实；无论结果如何，推崇卓越的表现

续前表

短期思维	长期思维
	持续学习
只热衷于追赶体育比赛或商业竞争中取得第一的人	愿意倾听或学习各种人生故事，包括"失败者"（也就是没得第一的那些人）的故事
认可并推崇能收获立竿见影效果的技能	注重思维模式、行为方式，互动能力；关注长期发展，比如重视批判性思维、创新和创造能力及合作能力，并在上述方面下功夫
胜利者就是得第一的人	胜利者是那些拥有真知灼见的人，他们的新想法、思考的问题和个人体验可供分享
只聚焦受关注的问题	包容特立独行的想法，求知欲强，对学习持开放态度，不轻易对人或事下结论
优先考虑能快速取胜的策略和建议	注重对长期结果和社会影响有重要意义的各种努力
专注于任务、任务执行、待办事项及"英雄情结"	不急于求成，谨慎行事，对自己和别人有同情心以期获得长期影响
技能单一，注重专业化和归类	注重综合性思维和不易归类的复合型技能
	相互联系
按人的成就和专长分类，如运动员、工程师、律师等	一视同仁，注重人品而非其成就
管理主要靠控制和支配	管理靠信任、合作和包容
尽可能追求确定性	对不确定性和模糊性持包容态度
把谈判视为一种零和博弈游戏；总有人是胜者，有人是败者；胜者的利益建立在他人（败者）的损失上	谈判时秉持"双赢"理念，寻求对双方都有利的结果；一起努力，争取更大成果并由双方共同分享
追求竞争力往往会受到外部认可和奖励，因此是所期待的关键行为	合作能创造机会，并在此基础上拓宽沟通渠道、构建人际关系，成为人们推崇的关键行为
形成决议和行动方案是会议是否成功的标志	就共同目标进行沟通，充分听取意见和不同想法，构建人际关系，培养共识，确保博采众长

后　记

　　雅典奥运会是我第三次也是最后一次参加奥运会。我们的目标很明确，就是在预赛中胜出，直接取得决赛资格，然后在决赛中展现最好的竞技状态。然而，就像生活中常见的那样，天不遂人愿，我们在第一轮预赛中惨败给白俄罗斯选手。这样输掉比赛，我们都懵了，返回码头时，我内心一阵惊恐。离决赛没几天了，我们还剩仅有的一次机会，形势不容乐观。

　　赢得世界锦标赛冠军（2003 年）后的一年里，我们过得并不顺利。队友凯瑟琳的背伤打乱了我们的冬训计划，从那时起，我们要做的就是努力赶上来。雅典奥运会后，我觉得前方有一段新生活在等待着自己，这就成了一条关键的生命线，激励着我想方设法克服前进道路上的各种障碍。我知道，自从冒险重返赛场并探索新的训练方法以来，我已经学到了很多，而且也取得了长足进步。同时我也知道，在我的体育生涯中留待自己收获成果的时间已经不多了。离比赛的日子越近，过去那些糟糕的战绩就越频繁地浮现在我的脑海中。在雅典，我们首战失利，回到住地后，我发现队里的人在疏远我们，交谈也少了许多。

　　预赛结束几小时后，我们和教练坐下来又进行了一次面对面交流。这时，我们只有通过附加赛才能获得后续比赛的资格，而时间只剩五天了；如果获胜，就能如愿进入决赛。我们要做好书写历史的准备，因此要敢于冒点风险、尝试一些新方法，要有所改变、增强互信。之前，人们对我们有诸多议论：

她们已经败了；之前的成绩那么差，根本进不了决赛；凯瑟琳的伤和她们之前的表现已经预示了结果。对于这些杂音，我们一概置之不理。10年来我们努力翻越一个又一个险峰，这次不过是又一个巨大的挑战。

为迎接下一场比赛，在接下来的几天里我们抓紧训练并调整自己，个中滋味令人难以置信。我们不断挑战自己，对相关动作和技巧进行优化，然后再用数小时加以打磨。最后这几天努力的效果如何，我们心里没底，整天想的都是这些，五味杂陈。

首轮比赛后的第五天，我们终于在赛艇决赛的出发线前就位。在我的体育生涯中，这是第一次，也是仅有的一次参加奥运决赛。这时，正值雅典冬季。在这长达2000米的赛道上，在那惊心动魄、令人血脉偾张的7分8秒5的时间里，我倾注了自己的全部心血。

2004年8月21日，我们冲过了设置在希尼亚斯湖上的终点线，一时间各种情感涌上心头，内心五味杂陈，同时大量质疑自己之前有关想法的问题也浮出水面。其实，这些疑问一直伴随着我：当我进入那种自以为不以输赢论英雄的新世界里，它们时而出现在我内心深处，时而又在脑海中浮现。许多个人、团队和机构都想成功，但却深受有关习惯、过程和设想的困扰，在与它们一起工作或打交道的过程中，这些问题始终都是贯穿我职业生涯的一条主线。无独有偶，在个人生活中，我要搞清哪些事对自己、家庭和孩子最重要，而上述问题仍是贯穿这一过程的一条主线。

我开始扪心自问：我是不是失败者？我是否在为自己没获得第一找借口？胜利者会嘲笑自己的这些想法吗？现在我知道，其实胜利者在内心深处也有同感，这些疑问并不因结果不同而消失。

我知道，自己在希尼亚斯湖上的体验并不能用一枚闪闪发光的奖牌全部概括，无论其色彩多么光鲜。奖牌对我固然重要，但仅是更加光彩的人生的一部分而已。

我现在意识到，在雅典那个阳光灿烂的八月天，我已走上了一条全新的道路，对于"哪些因素最重要"这个问题，自己开始有了新的认识和更深的理解。我已经打破了长期萦绕在心头的诸多神话，开始踏上探索胜利的真谛的一段迷人之旅。